看见
目标

Clearer, Closer, Better:
How Successful People See the World

［美］埃米莉·芭丝苔 著
(Emily Balcetis)

干静 译

中信出版集团｜北京

图书在版编目(CIP)数据

看见目标 /(美)埃米莉·芭丝苔著;王静译. --
北京:中信出版社,2021.6
书名原文:Clearer, Closer, Better: How
Successful People See the World
ISBN 978-7-5217-2939-9

Ⅰ.①看… Ⅱ.①埃…②王… Ⅲ.①成功心理—通俗读物 Ⅳ.① B848.4-49

中国版本图书馆 CIP 数据核字(2021)第 044807 号

Clearer, Closer, Better: How Successful People See the World
Copyright © 2020 by Emily Balcetis
This edition arranged with InkWell Management, LLC. through Andrew Nurnberg Associates International Limited
Simplified Chinese edition copyright © 2021 by CITIC Press Corporation
All rights reserved.

本书仅限中国大陆地区发行销售

看见目标
著　　者:[美]埃米莉·芭丝苔
译　　者:王静
出版发行:中信出版集团股份有限公司
　　　　 (北京市朝阳区惠新东街甲 4 号富盛大厦 2 座　邮编 100029)
承　印　者:中国电影出版社印刷厂

开　　本:880mm×1230mm　1/32　印　张:8.75　字　数:193 千字
版　　次:2021 年 6 月第 1 版　印　次:2021 年 6 月第 1 次印刷
京权图字:01-2020-3714
书　　号:ISBN 978-7-5217-2939-9
定　　价:49.00 元

版权所有·侵权必究
如有印刷、装订问题,本公司负责调换。
服务热线:400-600-8099
投稿邮箱:author@citicpub.com

目录

序言 _V

01

寻找全新的前进道路

确立我的目标 _007

寻找策略 _017

02

寻找适合的目标进行挑战

专注于我们的目标 _024

聚焦 _026

精英运动员如何聚焦 _031

目之所及即问题所在 _033

试着将锻炼简单化 _034

亲眼见到我们的存款继承者 _036

让未来更加光明 _040

紧盯目标 _042

03

制订一个完整的计划

标记目的地 _047

设立目标时避免含糊不清 _050

将行动计划具象化 _055

预测失败 _057

撤掉轮挡，准备起飞 _066

04

成为你自己的会计师

数据统计自动化 _076

05

目之所见，心之所想

视觉框架的力量 _097

视觉盲点 _099

视觉环境对健康的影响 _105

视觉框架之内 _112

06

正确解读他人情绪

远离自负 _118

学习正确解读他人情绪 _121

定格镜头 _126

接受失败，换个角度看失败 _134

使用正确的工具 _140

07

放弃禁果,感知模式

开阔视野 _147

目光狭隘的行为 _150

翻转胶片 _156

选择正确的工具 _159

开阔视野和寻找模式 _162

开阔视野与时间管理 _163

成为自己的心理医生 _166

开阔视野有助于提升记忆力和决策质量 _170

回忆过去有助于优化未来规划的神经科学原理 _174

08

适时放弃

学会放弃,获得成长 _185

开阔视野,适时放弃 _192

09

少即是多,着眼未来

超过临界点 _209

"多任务并行"的视觉幻象 _211

深陷视觉幻象 _214

IV 看见目标

开阔视野，战胜现时偏好 _217

两面性困境 _220

如何解放大脑空间 _223

10

登台亮相

利用四种视觉工具，提升心理健康程度 _234

致谢 _241

注释 _245

序言

在春日一个凉爽的周六清晨,我独自一人坐在德国柏林米特区的一家小餐馆里,吃着胡萝卜甜菜烤饼,喝着卡布奇诺。我读德语菜单的水平只比说出这个月我新租的公寓所在街道的名字的水平稍好一些,至少我自认为如此。尽管独自一人吃着早午餐——这在美国被认为是不善社交的表现,《纽约时报》甚至曾提倡禁止这种行为,但我却享受其中。

我在翻阅《纽约》杂志时,读到一篇以黑色涂料为主题的文章。尽管这篇文章听起来枯燥乏味,但实则十分有趣。我在纽约生活了大约10年,发现纽约人酷爱黑色。因为黑色不仅能够与他们苍白的皮肤形成鲜明对比,而且还能掩盖上班途中所沾染的尘垢。不过,该文作者特别讨论了黑色涂料中的一个种类,它其实算不上是一种涂料。

该文作者提到,在伦敦科学博物馆的"天线"展区有一尊BBC(英国广播公司)名人马蒂·乔普森的铜像。这尊铜像高约15厘米,与乔普森本人极其相似，特别是浅浅的酒窝、浓密的眉毛和栩栩如生的八字胡。乔普森是一名道具设计师、发明家，还是一个数学爱好者。他在电视上展示过他的科学发现：他曾戴着护目镜询问一位歌剧演唱家能否用一个强音符震碎一个水晶玻璃酒杯（她做到了）；他曾在英国阿什福德巴特赛德路居民的帮助下测试吐司在掉落时是否总是黄油面着地（多数情况下确实如此）。尽管马蒂·乔普森的半身像选择的题材不同寻常，但总体来说，半身像本身并没有什么特别突出的地方。

唯一特别的地方在于，这尊铜像旁边有一尊和它几乎一模一样的雕像。同时看这两尊雕像时，第二尊似乎只是一个轮廓，就好像有人拿解剖刀在雕像上面挖了一个洞，洞的大小形状与乔普森的头部恰好吻合。你看不到酒窝和胡子，看不到阴影，也看不到脸部轮廓。通过触摸这尊雕像，你能够感受到乔普森面部的纹路、额头上的皱纹和下巴上的胡子。但如果你只通过眼睛看，这些细节似乎全部消失在一片虚空之中，或者说黑洞之中。

两尊雕像均由铜制成，但第二尊雕像的表面覆盖了一层特殊物质：纳米碳管黑体——这是目前已知的最黑的物质。

实际上，纳米碳管黑体不是一种涂料，而是由科学家研发的一种物质，可直接覆盖在金属表面，质量基本为零。纳米碳管黑体由排列紧密的超薄碳纳米管组成，与F1赛车和法拉利恩佐车身使用的材料类似。纳米碳管黑体可以吸收99.965%的可见光，因此它看起来非常之黑。相比之下，黑色沥青只能吸收88%的可见光。我们需要通过光和光的反射来帮助我们看清物体，如果没有这一过程，我们将什么也看不见。

纳米碳管黑体已被用于制造匿踪战机的机身外壳，望远镜内壁也使用了这一材料。在我读到这篇文章的几个月前，柏林空间技术公司的科学家们刚刚将这一材料应用于一颗将被发射到外太空的微型卫星上——该公司与我现在所在的地方仅有几站火车之隔。

最近，英国著名艺术家安尼施·卡普尔爵士获得了在其作品中使用纳米碳管黑体的独家权利，伦敦科学博物馆展出的这尊雕像便是其作品之一。卡普尔表示，纳米碳管黑体"比你能想到的任何物质都要黑。它非常黑，人们几乎看不到它……你可以想象自己置身于一片漆黑的空间当中，在里面你会完全失去空间感、认知感、时间感，纳米碳管黑体对时间感的影响尤其明显"。

他的说法毫不夸张。当我们看这尊雕像时，便会失去空间立体感。眼睛看到的并非真实存在的。这是一种错觉，是一种视觉假象。

对于卡普尔来说，将一尊平平无奇的雕像变成一个极具开创性的伟大的艺术作品的秘诀就是现实与感知之间的差距。我们看到的东西可能会与这个东西本身截然不同，视觉为我们所呈现的偏离了事物本身真实的存在。

这本书讨论的便是这种情况。

我们以为自己看到的便是真实的世界；我们以为照镜子时看到的自己与他人眼中的我们相差无几；我们以为只要低头看看眼前的路，便会知道自己未来的人生经历；我们以为扫视盘中的食物，便会知道自己将要吃掉的东西……但事实并非总是如此。相反，我们的视觉体验往往会歪曲事实。在形成一个不太完美的印象后，活跃的大脑便会查漏补缺，将缺失的部分弥补起来。即便有些东西没有涂上纳米碳管黑体，我们都不免会这样。有趣的是，这种举动常常是无意识的，它不仅发生在日常生活中，而且发生在我们做出人生重大决策时。

基于我与同事的研究，我认为我们其实可以充分利用"人类无法完美地、准确地、完整地看待世界"这一事实，我们需要知道自己何时及为何会这样做。通过进一步了解眼睛与大脑如何相互配合、共同作用，我们可以利用自己的感知体验去看待世界，帮助自己在实现重要目标的过程中克服重大挑战。

我是一名社会心理学家和科学家，在纽约大学任教，致力于感知与驱动力研究已经有15年之久。我曾与一些成就显著的学者共事，也组建了一支优秀的研究团队，我们一同进行调研、分析实验数据、评阅世界范围内各个实验室发布的最新报告（报告主题均为：人们追求目标的最佳方式，以及在追求目标的过程中遇到的阻碍）。

通过研究，我发现人们在追求目标、实现野心时面临的问题存在共性，我也曾遇到过这些问题。拥有医学学位并不代表医生不会感冒，同样的道理，即便我获得了驱动力科学的博士学位，也难免会在实现目标的过程中遇到挑战。但是我有机会掌握所遇问题的相关数据，以及解决这些问题的可行性方案。我发现了一些能够帮助人们克服阻碍成功的因素的策略，也了解对自己和参与调研的上千位被调查者而言，哪些方法管用，哪些方法没用。

有趣的是，我们的发现与许多成功的企业家、运动员、艺术家等名人所使用的方法不谋而合。这些出类拔萃的人在解决一些重大挑战时所使用的方法极为有效，充分的科学数据也证实了这一点。基于研究，我发现他们的习惯、日常行为和实践可被归纳为四种策略，这些策略的应用范围十分广泛。

在接下来的章节中，我将谈及：聚焦会如何帮助我们提高行事效率，为提前退休存更多的钱，并在一天中挤出更多时间去做自己真正想做的事情；了解将目标具象化的步骤、方法，会帮助我们优化追踪进展的方式；了解视觉框架的力量可以提高我们解读他人情绪的能力，达成更优交易，使我们与他人的关系更密切，克服公开演讲的恐惧；开阔视野如何帮助我们抵御外物诱惑，避免一心多用，在面对突如其来的变化时做出最佳选择。

我们可以将这四种策略看作工具箱里的四种不同工具，当我们进行自我提升时可自行选择使用。假定它们分别是锤子、螺丝刀、扳手、钳子——这些工具虽然基础，但会经常被用到。有时，我们需要使用多种策略实现目标，就像修缮房子时可能会用到多种工具一样；有时，只有某一种策略能够帮助我们实现目标。在完成工作的过程中，若有多种选择自然益处多多——如果我们的工具箱一应俱全，那么当螺丝刀不能解决问题时，便可以换扳手试试。

有趣的是，这四种策略有一个共同特征：它们都利用了视觉的力量。强迫自己以不同角度看待问题可以帮助我们提高在与视觉似乎毫无关系的事情上的成功概率。最近，我打算学习用架子鼓演奏一首歌曲（我想做这件事有自己的原因，后文将进行简短说明）。我发现，通过运用我在学术研究中总结出的这些策略，尽管在学习过程中遇到了许多意料之内和意料之外的挑战，我还是坚持了下来。

通过我的亲身经历，我希望读者也能够以全新的、创新的、更好的方式看待世界、看待自己的目标。通过研究这些策略是什么，为什么使用这些策略，什么时候使用这些策略，以及具体如何做，我们完全可以让自己以全然不同的视角看待生活。我们能够控制自己的视觉，让自己的眼睛以积极的而非消极的方式看待事物。如果能够充分运用视觉策略，我们的日常生活便会更加健康、快乐、高效。

我希望读过这本书后，各位能够找到新的前进道路，培养全然不同的视角。这不仅仅是为了赢得金牌或者赚更多钱，尽管我在书中对相关案例有所提及。通过深入了解自己的视觉，你将进一步了解自己的生活目标中目前已实现的和未实现的部分，以及如何更快地实现目标。此外，你会了解到为什么其他人坚持他们看到了你没有看到的东西，也会明白这将如何影响你们追求目标的方式。一旦了解视觉是在什么情况下产生偏差的，你便可以学着让视觉为你所用，并在必要时避免视觉偏差。

不存在看待世界的正确方式，我也对这个观点深信不疑。实际上，本书只想为你提供一些建议，告诉你如何通过积累为自己所用的隐蔽资源提高自身应对挑战的能力。我将提供一些卓有成效却鲜为人知的策略，你可以借此了解自己、了解他人、了解你所处的环境，这将帮助你发掘自身目前仍未被发现的可能性。为此，我借鉴了社会心理学与视觉感知领域的交叉研究。我本人所做的研究和我所借鉴的研究均深入探讨了人类视觉系统的神经生物性，而人类视觉系统本身便是眼睛与大脑相互作用的结果。当你对人类感知周围世界的方式的科学依据具备一定程度的了解之后，实现多数目标的道路会变得更清晰，你会离成功更近，在实现目标的过程中也会感觉更好。

01
寻找全新的前进道路

一个夏天，我的调研团队调查了来自16个国家的1 400多名成年男女，调研问题包括：在五大感官中，你最不愿失去哪个？失去哪个感官会让你难以生存？尽管被调查者的国籍、年龄、性别不尽相同，但有七成人表示，失去视觉最为糟糕，大多数人认为失去视觉会让他们无法存活。但实际上，他们可以。

我们先退一步讲讲视觉科学的基本原理，确保我们在这方面的知识水平一致。在眼睛和大脑的相互作用下，人类才有了视觉。我们通过眼睛看到太阳光线的强弱或天空的颜色，但是，只有当大脑将这些感受转化为有意义的东西时，我们才会产生视觉。比如，亚麻籽油、矿物盐、鬃毛画笔、亚麻布、木材本身都是独立的物品，在莫奈将它们以正确的比例和特定的方式混合使用后，我们才有幸欣赏到他所描绘的他在法国吉维尼小镇家门外的睡莲。

阿尔瓦罗·帕斯夸尔-莱昂内是一位神经病学家，就职于哈佛大学医学院。他曾研究人们失去视觉后的大脑活动，并因此而闻名。他发现，当眼睛的运作方式发生变化时，位于头部后方的视皮质，即专门负责解读眼睛向大脑传递的信号的大脑部位会迅速重组。他请视觉正常的人体验 5 天失明生活。[1] 志愿者需戴眼罩，这种眼罩与国际航班分发的旅行套装中的眼罩完全不同，它是高科技产品，内衬为相纸，可根据光照量自动调节。因此，研究人员可以确保只要志愿者戴上眼罩，便无法看到日光（或灯光）。

帕斯夸尔-莱昂内和同事们利用这 5 天的时间教授志愿者一些基本的盲文。志愿者们通过学习了解到，盲文字母是由一张 2×3 网格纸上四处分布的凸点表示的。字母 A 由 2×3 网格纸左上角的一个凸点表示；字母 B 与字母 A 相似，但在中间一行的左侧多一个凸点。志愿者学着用食指去感受各个字母的盲文表达形式。5 天结束后，他们虽然无法通过盲文畅读莎士比亚文集，但已经可以识别出基本的字母。

此外，研究人员每天都会请志愿者接受功能性磁共振成像扫描，功能性磁共振成像仪器会将志愿者识别盲文时的大脑活动记录下来。第 1 天，志愿者在触摸盲文时，大脑中的躯体感觉皮质，即大脑中负责触觉与感觉的部分最为活跃，视皮质没有任何反应。但是在第 5 天时，情况却完全相反：志愿者在触摸盲文时，躯体感觉皮质活跃度降低，视皮质活跃度提升。换言之，虽然是手指在工作，但大脑中做出反应的却是一直以来负责视觉的部分。不到一周的时间，志愿者的视皮质便已完全适应了这种变化，其反应与真正熟读盲文的盲人的大脑活动相差无几。对于盲人来说，大脑中的视觉中枢反映的便是手指"看到"的东西。

帕斯夸尔-莱昂内请志愿者戴上眼罩，这在某种程度上改变了他们感知事物的方式。志愿者的大脑仍然想要看到东西，却无法通过眼睛实现。帕斯夸尔-莱昂内改变了大脑看事物的媒介，但大脑是一位"艺术家"。在没有画笔或无法达到理想效果时，艺术家往往会寻找新的作画工具。例如，抽象表现主义绘画大师杰克逊·波洛克借助罐子将颜料滴在画布上，格哈德·里希特则用刮板在帆布上作画。虽然帕斯夸尔-莱昂内遮住了志愿者的双眼，但志愿者们找到了新的方式看事物。

帕斯夸尔-莱昂内通过志愿者的体验发现，视觉的适应能力极强，这便是所谓的神经可塑性。同时，这也是视皮质在脑科学界名声大噪的原因所在。人类的视觉值得赞美，不仅仅是由于其极强的适应能力。首先，视觉具有强大的力量。当我们身处一片漆黑、没有任何雾霭的地方时，我们仅凭肉眼便可看到48千米以外的烛光；抬头仰望夜空时，我们轻轻松松便可看到400千米以外的国际空间站；如果知道方位，我们甚至可以看到土星。

其次，视觉传递信息的速度非常之快。它传递数据的速度约为每秒8.75兆位，是美国平均网速的3倍左右。视觉辨识眼前事物的速度快于听觉。尽管糖和盐的味道截然不同，但是大脑通过味觉辨识两者之间差别[2]的速度是通过视觉辨识自己是否喜欢一个人[3]的速度的1/2。科学家发现，人类仅需1/76秒便可辨识自己眼前的事物，不管是朋友的脸庞、梦寐以求的汽车，还是婚礼上的玫瑰。

通过眼睛看到的东西真实、准确——真切程度甚至会让人感到害怕。1896年，人们观看了史上第一部电影。在巴黎的一家影院，电影爱好者们观看了电影短片《火车进站》。这部黑白电影的时长仅为50秒，展示的是一辆火车驶入站台的场景，火车直直地朝观众的方向开来。尽管这是一部默片，观众安坐在自己的座位上，但据说火车高速驶来的画面还是让一些观众吓得从座位上直接跳了起来。

通常情况下，与其他感官相比，我们更加偏爱视觉，并且会不假思索地相信视觉。我们认为目之所见完整而又真实地反映了周围的世界，但事实并非总是如此。以下图这个由线条勾勒而成的动物为例，请用1秒左右的时间扫视这张图，这是什么动物？你的第一印象是什么？

大多数人看到的是一个马头或驴头，我也这样认为。[4]但再看一遍，这次看的时间可以稍微长一些。在看第二眼或者换个角度看时，你或许会看到另一种动物。或许是一只海豹？当然你也有可能第一眼看去就觉得这是一只海豹，看到我说是马之后，再次回看图片，心想是不是出现了印刷错误。

我曾向几百个人展示过这张图片，最近一次是在纽约鲁宾艺术博物馆的礼堂里，礼堂坐满了人，他们来此参加"欺骗的科学与艺术"讲座。我以这张图作为开场，1秒钟之后，我询问观众："谁看到了一只家畜？"大约八成人举起了手。同时，其余两成人开始交头接耳、窃窃私语，很快台下就嘈杂声一片。靠近前排有一位年龄稍大、戴着一副复古眼镜的女性，我听到她说："她在说什么胡话？"

观众开始骚动。"看到马"的观众转身盯着"看到海豹"的观众，后者发誓自己没有看到马，他们的声音中带着怒气，并且信誓旦旦地说，一定是我和观众里的"托儿"在玩弄他们。每个人都确定这幅艺术作品描绘的是自己第一眼看到的动物。

盲目相信自己的视觉，导致我们对其他信息来源或灵感都选择视而不见。有时，过分依赖和盲目信任视觉会将我们引入歧途，就像博物馆里毫无戒备的观众和不适应银幕上迎面驶来的火车的巴黎观众一样——视觉的力量十分强大。

综合上述原因，在实现目标的过程中，眼睛是我们与自己斗争的最大盟友。眼睛可以帮助我们克服阻碍自己全身心投入的心理障碍，克服延缓任务进程的生理缺陷，克服阻碍我们开始着手做事的现实约束。当我们认为自己无法做成某事时，或许只是因为我们把挑战看得太难。当我们认为自己无法对抗某事时，在别人眼中可能并非如此——因此我们也不必这样认为。坐在博物馆礼堂前排的那位戴眼镜的女士最终明白，那幅画既可以是一匹马，也可以是一只海豹。同理可推，如果我们知道如何掌控自己的视觉，就可以让自己以不同的方式看待世界。眼睛是塑造体验的绝佳工具，我们可以借助它们找到一条全新的前进道路。

确立我的目标

高中时，我是一支乐队的萨克斯手。我们乐队的演奏风格包括朋克、斯卡和放克。那时，乐队成员经常待在一起，开车四处兜风，我们会打开音响播放一些管乐队的歌曲，以及有萨克斯、小号或长号独奏的歌曲，总之就是20世纪90年代末芝加哥流行的歌曲。有一次，我们在广播上听到最爱的洛杉矶乐队金手指乐队将出席附近的一个音乐节，便当即购买了门票。几周后，我们得知他们的萨克斯手、小号手和长号手都将缺席这次演出，我们的门票似乎完全浪费了。我们固执地认为，萨克斯手、小号手和长号手对金手指乐队来说不可或缺，缺少了他们的演出会截然不同——因此，我们乐队的小号手提议，我们应该告诉金手指乐队我们的想法。

我们在父母资助的地下排练场地里，坐在懒人沙发上，一起斟酌字句，给金手指乐队写了一封邮件。在邮件中，我们表示自己对他们在音乐节上的不完整演出感到失望。同时，我们也自告奋勇，想要帮忙演奏。我们知道如何演奏《一日国王》，也创作过《在你的房间》，我们在邮件中询问他们是否愿意让我们加入演出。

金手指乐队主唱约翰·费尔德曼回复了邮件，说道："当然可以！"

我们备受鼓舞，加倍努力地在地下室练习，精挑细选演出服装（事后看来，服装选择成为整个过程中最糟糕的决定），并将费尔德曼回复的邮件打印出来，将乐器装好，出发前往音乐节。

我们请安保人员让我们进入后台——他们怀疑我们用点阵式打

印机打印出来的邮件的真实性，这封邮件一整天都被我们握在满是汗的手中，字迹已经模糊不清了——终于，我们在费尔德曼的化装间里见到了他。他胳膊上的文身数量比迄今为止我所有朋友的文身数量总和都多。尽管那是我人生中的高光时刻，但我们之间的对话却稀松平常。他问了我们的学校、年龄、玩音乐多久了。他只给了我们一些水喝，尽管我们已经通过VH1（热门录像带第一台）频道的《音乐背后》对他有所了解，但这种待客之道仍然让人感到失望。他弹奏不插电吉他，我们配合他一起练习了几段曲子后，便到了上台时间。彬彬有礼的费尔德曼立刻换了另一张面孔，我羞于写出他所说的每一个词。但在这个转变之前，费尔德曼建议我们三人："如果你们没有什么可弹奏的，可以唱歌——因为我们不会唱。"然后我们便上台了。

舞台上有不可思议的能量。身后扩音器播放出来的声音淹没了台前15 000名观众的尖叫声。在我们脚下的区域里，观众全情投入，疯狂起舞，汗水、尘土四下飞扬。场面有些粗俗，但非常刺激。

我很想说这次经历标志着我娱乐生涯的开端。在接下来的十年里，我过着富豪一般的生活，由于经常在巡演车上过夜而有了眼袋。我希望自己能说：你可以在网上搜搜我的名字，找到一篇里面有一个副标题为"他们现在何处"的文章。但我不能，因为那次便是我摇滚明星生涯的巅峰了。

现在我已经接受"自己永远不可能成为一个摇滚明星"这个事实了。如果有一天我出现在《滚石》的封面，那肯定是因为在某个炎热的夏日午后，我把一本《滚石》放在了车的仪表盘上，而我的大头照正好也放在仪表盘上，炙热的太阳使我的照片和杂志融为一体。我现在甚至害怕文身，也不会再把头发染成粉色（我曾在高中把头发染粉过，不过时间很短），也不想酗酒。我已经进入人生的全新阶段，对我而言，成为摇滚明星的大门已经关闭。

但是，大约一年前的一个周六，我又撬开了一个门缝。那天，我决心成为一名鼓手。我为自己设定的挑战是：学习演奏一首歌曲，并且要足够好听。一首足矣，足够好听即可。我从未想过做乐队主唱，但我确实想学习一些比我现有的爱好更酷炫的技能。学习击打出一首歌曲，实际上是学习打鼓，将会成为我的一个酷炫的技能。

从一开始我就知道，这是个愚蠢的想法，或者说是痴心妄想，原因有很多。首先，我和年幼的儿子马修、丈夫彼得住在曼哈顿的一个一居室公寓中，公寓面积比多数人的车库都要小，我们没有足够的空间放置一套架子鼓，所有额外的空间现在都用来存放尿布了。而且我们不知道邻居是否有耳塞，在公寓里我们从不串门，所以也不知道应该如何提醒邻居需要买些耳塞。这是一个注定失败的目标，我们还可能因此被赶出公寓。

其次，我并不具备打鼓方面的天赋。尽管我年轻时尝试过木管乐器，但我甚至无法分辨嗵鼓和锣的区别。我不知道踩住踏板会降低踩镲的声音，不知道鼓手所说的"铃铛"是指镲中间的圆顶，而不是挂在瑞士奶牛脖子上的铃铛，也不知道他们称座椅为"鼓凳"。

最后，我四肢不太协调。我连一边揉肚子、一边拍头都做不到。在尝试体操运动时，我从平衡木上摔下来的时间比站在上面的时间都长。在四年级的一场篮球比赛中，我把自己绊倒并摔到带球的队友身上，导致我们两个人都摔出边界线，所以篮球队没有再请我参加第二季度的篮球赛。显而易见，我无法掌控一对鼓槌。这个目标很可能在最开始就功亏一篑。

那么我为什么决定学打鼓呢？其实这与我成为妈妈有关。

我决定学习打鼓时，马修已经 4 个月大，安静的时光对我来说零星而短暂。通常情况下，我帮马修洗漱的时间是我自己洗澡时间的 5 倍。给他洗澡时，我需要先将浴室变为蒸汽房，并将他的毛巾在厨房的微波炉里预热，那时我们已经没有时间用微波炉做饭了。自从马修出生后，我洗澡的时间都很难得，基本都会控制在 6 分钟以内。我每天能完成什么事情完全由孩子决定，而他完全不在乎业绩指标或是否能在餐桌上吃饭。我做大多数工作时都是以 45 度角坐着，这个角度是经过我多次试验得出的平衡点——我既可以看到电脑屏幕，又可以抱着睡着的马修，同时保证在我打字时他不会滑落到地上。

我知道自己与其他父母所面临的挑战一模一样，只是我现在正在亲身经历。我的问题是：我的个人时间不断缩短。我的解决方案是：设定一个只为自己的目标。学习打鼓是一项个人挑战，为此花一些时间对我和我的大脑来说都是一场全新的趣味体验。

不过说实话，这个目标和我儿子也有一丝关联。虽然那时马修还不到 6 个月大，但是彼得和我都想尽快培养他对音乐的兴趣，至少要在节奏感形成之前的关键时期开始培养，如果在那之后再培养，以后他很可能在别人放下手时才开始打拍子。那时，我刚读了一篇由一群加拿大心理学家进行的一项研究的报告。[5] 他们发现，6 个月大的婴儿已经可以学习基本的音乐知识。但有趣的是，父母的参与是孩子成功的关键。研究人员通过抛硬币的方式将研究对象分为两组：一组父母需要在课上为孩子哼唱一小时的童谣和摇篮曲，频率为一周一次，并且让孩子在家听歌曲的录音；另一组父母则需要和孩子一起玩游戏、做手工、为孩子读书，同时将音乐作为背景。参与调研的父母都同样重视孩子的教育、积极丰富孩子的日常活动，唯一的不同之处便是：第一组孩子是听父母跟着音乐唱歌，第二组孩子只把音乐作为背景。

孩子们1岁左右时，研究人员对他们的音乐技能进行了测试。研究人员选择了一首孩子们从未听过的歌曲——托马斯·阿特伍德的一首小奏鸣曲，研究人员从中截取了8个小节，每隔1个音符便将原有音符变为半音。这只是一个微乎其微的改变，却对整首歌的旋律产生了巨大影响。经过调整的音乐不太和谐，它的谐波结构与巴赫、莫扎特的音乐相差甚远——也就是孩子们一直听的音乐。

第一组的孩子能更好地识别出这段音乐与他们一直在听的音乐的明显差别。我由此相信孩子们可以在早期形成较高的音乐鉴赏能力。当我打开家里的立体音响时，我发现，相比约翰·克特兰与麦考伊·泰纳、吉米·加里森、埃尔文·琼斯于1965年在比利时同台表演的《我最爱的事》的录音版本，马修史喜欢挂在攀爬架上的塑料星星播放的由罗西尼创作的《威廉·退尔序曲》的混音版，毕竟每次他踢塑料星星时，音乐便会播放出来。看来我们可有得做了。

不过，这项研究中最令我印象深刻的是孩子们偏爱的音乐类型。两组孩子选择的音乐时长相当，喜欢音乐的程度相当。但是，那些听父母唱童谣长大的孩子已经对谐波结构建立了初步的了解，并且形成了自己喜欢的音乐风格。他们清楚自己的喜好，喜欢的音乐类型与父母常给他们哼唱的音乐类型非常相似。相比之下，一边和父母玩游戏一边听音乐的孩子听不出调性和声与不和谐旋律之间的区别。

我在大学教授了 15 年左右的心理学，从同事正在进行的研究中，我明白了音乐会影响一个人的发展，即便是对小孩也是如此，且影响范围不仅限于音乐本身。德国科学家发现，相比和别人玩游戏时没有背景音乐的小孩，与其他小朋友和大人一起创作音乐或伴着音乐跳舞的小孩更加乐于助人。实际上，在前者当中，仅有 16% 左右的人会帮助朋友修理玩具。[6] 但在后者当中，这一比例高达 54% 左右。研究人员表示，在团队中演奏音乐时，无论年龄如何，都需要持续关注他人。音乐家需要协调与他人的关系，分享自己的情感经历，并通过协作进行创作。音乐帮助我们成为一个团队，我们在演奏音乐的同时，也在锻炼自己的社交技巧。

我决定将马修睡觉的那段宝贵的时间用于练习打鼓——这将会带来更多的嘈杂、混乱，而且会不可避免地带来挫败感，这似乎是一个无法自圆其说的想法。但是我告诉自己，为生活注入一些音乐可以让我的大脑思考一些其他的事情，而不是整天担心马修什么时候吃下一顿饭。现在我终于可以播放蓝色牡蛎膜拜乐团的歌曲而不是《黑绵羊咩咩叫》了，还可以美其名曰"学习"。基于我读到的并用于为自己正名的研究报告，我也将这说成是在教授马修一些大有裨益的人生课程。我知道这个目标很难实现，但是这对我来说就像黄铜圈①一样，

---

① 原文为 "brass ring"，直译为 "黄铜圈"。在旋转木马游戏中，分发器会弹出大量铁圈和几个黄铜圈，木马上的骑手若能够拿到黄铜圈，便可以获得奖励，奖励通常是再次免费乘坐旋转木马。——译者注

我想要抓住它。

当然，在人生的这一阶段，我已经不是第一次努力实现一个充满挑战的目标了，而且在这方面我也并非第一人。每年 12 月，玛利斯特学院都会调查大约 1 000 名成年人，问他们是否打算设立新年目标，以了解美国的普遍状况。[7] 每年的调查结果都大同小异。大约一半的人表示自己打算设立新年目标。但是，当问到他们是否实现了去年的目标时，大约 1/3 的人表示没有。设立目标并不等同于实现目标，这一点我自己也深有体会。我也曾在新年伊始发誓深入学习养老投资相关知识，最后却半途而废、不了了之。我曾不断续费健身房会员卡，最后健身房账单却成了每个月提醒我自己毫无作为的东西。我曾尝试过多种策略帮助自己做出正确决策——用话语激励自己实现财务健康，写便条提醒自己为健身房的衣柜购置新锁，但最后无论是钱包还是身材，都未能如我所愿。

在早期想要提升自己的乐感时，我也遇到了同样的难题。在练习的第一个阶段，我和马修并排坐在地上，我们将硅胶底金属碗倒置，用一个小型搅拌器当鼓槌，敲击碗周进行练习。我把碗当作哑鼓，而马修把它当作磨牙玩具，我们两人都没有刻意保持节奏，我完全个是在模仿原涅槃乐队鼓手大卫·格鲁或是传奇鼓手巴迪·瑞奇，甚至与《布偶大电影》里的动物鼓手相比都差得很远。

第一次练习（只能勉强称为练习）结束后，很明显，单凭兴趣已经无法支撑我达成这个目标了。练习情况不太乐观，我不喜欢自己敲出的声音，但是改变这些需要时间。在真正开始学习之前，我的学习兴趣便已经消减。每次有人想要跟我讨论平衡投资组合的风险或在租车时和我讨论承保范围的繁杂细节或做健身计划时，我的反应都是如此。如果我想要坚持学习打鼓，就必须想出一些新点子。

与很多人一样，我也尝试提醒自己目标所在，以及这个目标的重要意义。[8]我的朋友第一次来看马修时问我近况如何，我不想只告诉他们马修现在的衣服码数，或者他喜欢的睡姿像仙人掌，我真的很想和他们分享一些其他的事情。我提醒自己，音乐是灵魂和大脑的食粮，我寻找各种证据证明新手妈妈留有一些私人空间有诸多益处。我很想说，半夜马修喝奶时，我总是充满爱意地看着那个依偎在我怀里大口喝奶的婴儿，但我的确没有。多数时候，我会一只手抱着他，另一只手在手机上翻阅科学报告的摘要（这是唯一让我不会昏睡在他身上的办法）。我认为数据会巩固我坚持练习打鼓的决心，即便我演奏的音乐听起来就像建筑工人修路一样尖锐刺耳，感觉就像小鹂鹆学步一样不甚协调。但是，我需要搜索公开研究资料——尤其是在我本可以用来睡觉的时间——以评估学习质量、理解学习逻辑，并将这些研究资料转化为便于记忆的信息，提醒自己我和马修通过敲打厨房用品的方式进行练习的这一步骤十分重要。这个过程太过复杂，需要耗费时间、精力和脑力，说实话这些我都没有。每天，当我需要一个提示物告诉自己为什么要让自己的耳朵经受这样的折磨时，我的决心都会动摇。

为什么会这样呢？

因为我们在实现目标时惯用的策略已经无法发挥作用了。

我能想到的和别人最容易想到的保持动力的方法无法满足我的需求。对我来说，自我提示和自我激励就像站在一艘沉船的上层甲板上抓着一个圆形漂浮物一样。但是，学习打鼓是一项十分艰巨的任务，需要更好的应对策略。

对我来说，这也同样适用于应对学习架子鼓以外的挑战。[9]在减肥时，需要不断抵制芝士蛋糕的诱惑。在平衡预算时，相比坚持每个月存钱到账户，每天早上用这笔钱去街角的咖啡店买一杯卡布奇诺肯定更让人满足。能够帮助我们实现目标的事情往往是我们不熟悉的，而且要求极高，需要我们及时掌握。我们很快便会忘记自己的口号："我相信我可以！我相信我可以！我相信我可以……"当我们想要努力摆脱诱惑和恶习时，结果往往事与愿违。

寻求减肥方法的女性减肥者尝试了这种费力不讨好的方法。第一组减肥者听从研究人员的指导，强迫自己不去想巧克力，而另一组则可以随意想象，在脑海中幻想吃巧克力时的丝滑口感。[10]或许你会觉得，想象巧克力丝滑甜蜜的味道会激发减肥者的食欲，但实际上并非如此。那些不断强迫自己不去想象巧克力的减肥者，当研究人员给她们试吃吉百利巧克力和佳尔喜巧克力时，她们会吃八九块。相比之下，那些不断在脑海中想象巧克力的味道、口感和巧克力融化在嘴里的感觉的减肥者平均只会吃五六块。我们与第一组减肥者一样，在实现重要目标时使用的策略往往是错误的。这些策略并未简化我们的问题，因为它们耗尽了我们有限的能量、时间和兴趣。

这一点至关重要，因为多数情况下，相比身体状态，心理状态对我们能否克服阻碍的影响更大。我们并未意识到这一点，但是当我们评估自己的耐力、体力和精力时，相比身体真正具备的能量，我们的判断对实际表现的影响更大。如果我们认为自己已经拼尽全力、全身心投入，之后的工作效率便会降低，无论我们是真的筋疲力尽还是仍有余力。

为了判断自我评估对身体状态的影响，美国印第安纳大学的学生们参加了一个枯燥且耗时的实验。[11] 刚开始，每位学生需要在一页文本中将字母 e 全部划掉。我也认为这很无聊，但整个过程很简单，花不了多少时间。实验的第二部分是让他们将下一页文本中的字母 e's 全部划掉，这也没有耗费他们太长时间。但正是由于任务太过简单，规则改变后，另一组学生花了比第一组学生更多的时间完成任务。这组学生的第二部分的任务还是将文本中的单词 e 划掉，但如果有另一个元音跟在 e 之后［例如：read（阅读）］或 e 与另一个元音相隔一个字母［例如：vowel（元音）］，则不需要划掉。光是理清这个新规则都很累人。

不过，研究人员并未止步于此。研究人员谎称彩色纸张会影响人体能量，并告诉参与者他们的状态取决于面前纸张的颜色。无论任务难易程度如何，研究人员告诉一半参与者，黄色纸张会分散注意力，让他们无法认真思考；告诉另一半参与者，黄色纸张会让人充满活力、聚精会神，激励人们审慎思考。然后，研究人员在最后的分析思维测试中测量每个人的专注力和耐力。

尽管这只是一个骗局，但彩色纸张会影响身体状态的言论真正发挥了作用。那些被告知黄色纸张会导致注意力分散的参与者中很快有人选择放弃，努力完成任务的参与者在过程中也显得更容易犯错。当他们所寻找的规律出现时，他们需要更多的时间才能意识到。而且，在读到写作不规范的词和典型的词语时，他们也无法很好地进行区分。

他们刚刚完成的是一项艰巨的挑战还是一项简单的任务并不重要，真正影响他们之后表现的是他们是否认为自己还有更多的精力可以付出。无论实际精力水平如何，参与者对自己可用精力的估计会影响他们的最终表现。有趣的是，他们的积极性并没有降低。对他们来说，这个目标仍然至关重要，甚至在他们感觉自己已经付出了巨大努力（即便实际上他们并没有）的时候亦是如此。但是，他们实现目标的能力却已经受到影响。由此可见，心理状态比身体状态更为重要。

所以，在面对巨大挑战时，如果使用一些我们自以为有用，但实际上却会耗费大量精力的策略，我们很可能会功亏一篑。失败的原因不在于我们不在意，也并不是我们不够努力，而是我们用错了方法。

寻找策略

午夜时分，我在搜索能够更好地帮助自己实现艰巨挑战的策略时，偶然看到了美国玻璃雕塑界的变革性人物戴尔·奇胡利的幕后故事。他设计的有棱纹装饰的贝壳造型和带有镶缀的球根草都十分精美，克服了平衡定律。他制作的圆形建筑吊灯挂在伦敦 V&A（维多利亚与艾伯特）博物馆的大厅，美国第 42 任总统比尔·克林顿曾向英国女王伊丽莎白二世和法国前总统弗朗索瓦·密特朗展示他的作品，罗宾·威廉姆斯、艾尔顿·约翰、米克·贾格尔、比尔·盖茨等名人都曾购买他的作品。仅过去十年间就有超过 1 200 万人在 7 个国家的 97 个展览会上欣赏过他的艺术作品。1976 年，当代艺术策展人亨利·格尔德扎赫勒首次为纽约大都会艺术博物馆购买了 3 件奇胡利设计的玻璃容器。自那时起，奇胡利逐渐被大众知晓。

同年，于英国的一个雨夜中，奇胡利驾车迎面撞上一辆车，整个人飞出了挡风玻璃。他的脸被玻璃划出又深又长的伤口，一共缝了 256 针。他的左眼因此失明，无法再感知纵深感。三年后，在一次冲浪事故中，他的右肩脱臼，从此再也无法托举起带有玻璃液的吹管。

但是，这些悲惨的经历却是他人生巨变的开始。[12] 奇胡利另辟蹊径，发明了一种新的艺术方法，改变了创作技巧以适应自己的独眼。他说："这让我能够以不同角度看待事物。"的确如此，在他退后一步，以不同视角看待自己的作品后，人们对他所创作的艺术品的赞誉蜂拥而至，他也迎来了事业上的巨大成功。

这便是我们在实现目标时需要做的。我们需要寻找实现目标的新方法，我们在追求目标时需要一个全新的思路，我们需要以不同的角度看待自己的方法。

在开启自己的音乐学习之路时，我没有任何规划。但是，在最开始，我先确定了自己的能力、不足、意愿和决心。我践行了奇胡利的方法，或许比他所使用的方法更加直接，聚焦于自己的眼睛。我想要找到一条通往成功的全新道路。

02
寻找适合的目标进行挑战

如果我真的想要成为一名鼓手,那就必须选择我要学习的第一首歌曲。我请彼得帮我。他打架子鼓已经有 40 年之久,一直都用那套他年少时在小店打工攒钱买来的架子鼓。他高中时期曾用几个月的时间学习旋律,在几十年后,只要练习几遍便能够信手拈来。去加拿大看望我姐姐期间,我们顺路逛了一家乐器商店,彼得用展示用的架子鼓随便敲了几句加拿大鼓手尼尔·佩尔特的《斯特兰吉亚托别墅》中的片段,引得一个面色红润的销售人员赞叹不已。彼得打鼓水平极高,因此,请他帮我开启学习之旅是自然而然的事。

　　他建议我用一周的时间选择我想学的歌曲,然后循环播放这首歌,直到我对其中架子鼓演奏的部分一清二楚,而不是像要成为一个伴唱歌手(这对我来说就像玩摇滚一样不切实际)一样仅仅练习唱歌词。我当时疯狂迷恋 U2 乐团,因此选择了他们的《约书亚树》专辑中的《射向蓝天》这首歌。这首歌的重复部分较多,有点像法国作曲家莫里斯·拉威尔创作的《波莱罗舞曲》。我单曲循环这首歌,慢慢学习、领悟。一周后，我告诉彼得我准备好了。他说这首歌不是一个好的选择。我十分惊讶，问他原因。他说，这首歌的美感在于歌曲本身的复杂性，以及鼓手需要精通和灵活运用的诸多小技巧。具体来说就是要将十六分音符小鼓的节奏融入第四节拍，这需要鼓手离开踩镲，敲击小鼓，然后再敲击踩镲，整个过程必须快速。更难的是，鼓手仅有 1/4 拍的时间将左鼓棒从小鼓撤离，并敲击踩镲，而且要在下一个 1/4 拍时再次回到小鼓，之后不断重复这些动作。因此，演奏这首歌曲十分困难，对初学者来说更是难上加难。他说的的确没错。

我意识到自己犯了一个在追求目标时常犯的致命错误，我承认这一点：我把目标定得过高，想要一口吃成个大胖子。

这个错误十分普遍。在诸多业余爱好者中，抱负不凡的家庭厨师总是会犯这种错误。想要尝试烹饪，切忌一开始就做冰激凌甜点"热烤阿拉斯加"。想要做出一份美味的热烤阿拉斯加，首先要制作冰激凌，再烤制戚风蛋糕，蛋糕的重量需与一盒回形针相当，然后根据个人口味喜好从法式、意式和瑞士蛋白霜中任选其一。成品的口味可能会因为诸多原因而不尽如人意。一开始的单层蛋糕必须变成一个由冰激凌包裹着的球状物，然后在上面挤上蛋白霜，整个造型就像在 20 世纪 50 年代水上芭蕾舞者的泳帽上覆盖了一层花。之后，将蛋糕放入预热至 500 华氏度（260 摄氏度）的微波炉中，加热完成后浇上烈酒，同时还要确保冰激凌不会融化。

我选择的第一首歌就属于热烤阿拉斯加的难度。

彼得向我推荐了另一支乐队——野外合唱团。这是一个来自英国伦敦的摇滚乐队，他们的热门单曲是《你的爱》。这首歌在 1986 年的美国公告牌100强单曲榜中排名第6，但在20世纪80年代后便销声匿迹了。这首歌的历史引起了我的强烈共鸣（中学时期对我而言非常艰难），它的摇滚节奏比较基础，前65秒都没有鼓手的部分。虽然这首歌相当简单，但是反复协调我的四肢对我来说仍是一大挑战。如果能够克服这个挑战，我一定会为自己感到骄傲，可对于学习第一首歌的我来说，这个挑战也显得有些遥不可及。我决定放手一试——我的目标是培养一个能够炫耀吹嘘的爱好，但彼得警告我这次学习会打击我的雄心壮志。这首歌在问世30多年后重新发行——我研究了它6个月——并把它用作烘干机的铃声。实际上，变酷炫并非我的首要目标。参加学校的行进乐队期间，我曾经戴过顶部有一根巨大羽毛的帽子足足8年的时间，完全出于自愿。这首歌完全是适合我的歌。

彼得凭直觉得出的成功方法与研究人员得出的结论不谋而合：高度合适的目标才是最佳目标。目标不能过于困难，否则还未开始便会放弃。如果在实现目标的过程中遇到非常多的难题，或者必须飞速成长才能令目标得以实现，那么这种目标会让人感到筋疲力尽。如果目标过于容易，我们便会不思进取、失去前进动力，因为最终的回报并不足够诱人。目标既要具有一定挑战性，又不能遥不可及，这样才能起到激励作用。如果我们保持短跑运动员的速度，那么便无法完成一场马拉松；如果我们保持走路的速度，便无法在竞走比赛中获胜。同样的道理，我们在设定目标时也需要在"过度"与"不足"之间寻求平衡。

同理，如果企业的目标合理——有一定难度，但并非遥不可及，便可以促进快速创新。例如，3M公司（明尼苏达矿业及机器制造公司）的企业目标是"5年内研发出的新产品所创造的收入占每年总收入的25%以上"。[1]3M公司每年生产的产品高于5.5万件，其中包括黏合剂、研磨剂等。此外，该公司还生产医药产品，例如无线听诊器（用于观测人体内部）、医疗软件（比人工处理数据的速度更快）等。3M公司针对新产品确立的目标的确高远，但所有报告均显示，3M公司营造的企业文化足以帮助公司实现这一目标。3M公司希望创新团队能够用15%的时间自由探索各种想法，无论这些想法最终能否落实为营利性产品。产品研发部门会在公司内部的科学展上展示仍处于研发阶段、正在寻找潜在合作伙伴参与的项目。3M公司确立这一目标后的5年间，研发出的新产品的净销售额占总体净销售额的比重每年都超过30%。

彼得建议我选择的歌曲，以及我为自己选择的表演处女作都遵循了3M公司设定目标的原则。

在早期的架子鼓学习中，我尝试了这种设立目标的方式，好处显而易见。在演奏《你的爱》时，我第一次尝试协调我的四肢，我的动作并不优雅，而且效率低下。因此，我决定设立更加可控的目标。刚开始，我先将注意力集中在小鼓和大鼓上，不去顾及踩镲和节奏镲。我将右臂放在身侧，随时准备在发出声音时捂住一只耳朵来减弱传入的声音。虽然很尴尬，但我不得不说，同时完成让右脚在每个小节的四个拍子上踩下大鼓踏板，让左手在第二拍和第四拍时击打小鼓的动作，我都需要把音乐放慢至0.5倍速才可以做到。但这便是学习的初始阶段，这是一个相对较小且可控的目标。

掌握大鼓和小鼓的节奏后，我开始学习其他部分。我学习让右手绕过身体击打闭合踩镲，让右脚准确无误地踩在大鼓踏板上，并且尝试以脚踩踏板速度的两倍击打踩镲。我在现阶段无法通过这些动作演奏一首摇滚乐，但可以将"达到明星水准"这一目标分割成多个可操控的小目标——刚开始先学习爵士乐的基调强节奏，一次打半拍，通过努力，将小目标一一实现。

专注于我们的目标

在相对成功地掌握了《你的爱》这首歌的基本节拍后，我又遇到了其他各种各样的挑战。事实证明，当你三心二意、一心多用时（尤其是当这些目标需要耗费大量精力，很难同时实现时），实现目标便会难上加难。我们往往会高估自己的效率，当我们同时追求多个目标时，最终成品通常无法反映我们的最佳水准。美国卡内基-梅隆大学的心理学研究人员马歇尔·贾斯特一直致力于量化这一概念。[2] 他让一群司机进入一个虚拟现实的汽车驾驶模拟器中，要求他们一边开车，一边听别人说话。结果证明，司机们一边开车一边听别人对话时偏离马路的概率比心无旁骛地开车时的概率高出50%。这种现象与神经功能的变化有关。顶叶是大脑中负责处理有关身体及周围环境信息的部分，相较于一心一意地开车的情况，司机在一心多用时，其大脑顶叶的平均活跃度会降低37%。换言之，注意力不集中会导致他们无法做好自己的工作。如果要出色地完成工作，我们便需要全神贯注于自己的目标，忽略周围的事物。

我在一位刚开始似乎不太出彩的人身上找到了灵感。19世纪早期，在现在被我们称为斯洛伐克的地区，有一个男孩名为约瑟夫·佩茨法尔。四年级时，他似乎注定会成为一名鞋匠，这是父母为他选择的职业，或许是因为当时他并非传统意义上的好学生。佩茨法尔对数学尤其不开窍，甚至需要重修四年级的数学。但是，在那个夏天，他决定自学一本听起来十分复杂的书——《关于数学要素的分析论文》，由此，他迎来了人生转折。

一年后，佩茨法尔并未成为鞋匠学徒，而是去了一所中学，为考取布达佩斯大学的工程学专业做准备。获得学士学位的同年，他开始攻读研究生课程，并成为物理系主任。之后，他成为布达（位于现匈牙利首都布达佩斯附近，后来和佩斯合并为布达佩斯城）的城市工程师，利用自己在数学、力学、实用几何学方面的知识，帮助布达抗洪、修筑水坝，为布达设计下水道系统。获得博士学位后，他作为一名数学研究人员，任教于维也纳大学。据说，他在教书期间每天都骑一匹黑色的马去上课。在维也纳北部的卡伦山上，佩茨法尔租下了废弃的修道院，在那里可以俯瞰多瑙河。也正是在这里，在这个宗教建筑的废墟之上，他改变了摄影技术的发展道路。

在修道院的石墙内，佩茨法尔建造了一间用于打磨玻璃的工作室，并且精心制成了一种彻底改变摄影方式的镜头。在佩茨法尔发明这种镜头之前，最常使用的捕捉人像的技术是银版摄影法。银版摄影法拍摄出的人像姿势僵硬，而且照片昏暗模糊。使用银版摄影法拍摄十分困难，因为被拍摄的物体需要保持30分钟左右不动，与此同时，还需要设备保持曝光状态。

1840年，佩茨法尔制成了一种能够让更多光线快速进入相机的镜头和光圈孔径，人们在被拍照时不再需要长时间保持不动。[3]佩茨法尔发明的镜头直到现在仍然让摄影师们感到不可思议。照片前端的物体能够保持高度聚焦，背景却像打了马赛克一样，成像十分模糊，就像旋涡一样在转动着。这种拍摄效果既神秘又诱人。因此，佩茨法尔人像镜头虽然已有180年的历史，但最近在众筹平台Kickstarter发起的一个项目中，仍有许多人愿意出资购买佩茨法尔人像镜头的复刻版。

佩茨法尔发明的拍摄方法是通过摄影师所谓的最大光圈进行拍摄，即保持聚焦于前物，背景却模糊。这种效果突出了主体，同时将周围可能会抢风头的背景全部模糊化。佩茨法尔在光学方面的突破为如今的人像镜头奠定了基础——他发明的摄影技术所创造出来的视觉效果则成为激励我们实现目标的最佳策略之一：聚焦。

聚焦

一年早春，纽约下了一场暴雪，人们都因此大门不出二门不迈。城市街道上白雪皑皑，鲜有人迹。尽管天气恶劣，我还是选择了外出，这次外出经历最后成了一场"只有在纽约才会有的"奇遇。当时，我被邀请去做一场关于视觉注意力及光学幻象的讲座，观众们来自各行各业。我在台上谈论科学时，他们在台下一边喝着撒有蜂花粉的伏特加鸡尾酒，一边吃着甜菜佛卡夏面包。那间屋子里四处晃荡的奥斯卡金像奖得主比我衣柜里的包都多。他们互递名片——名片均由定制纸包装，这种纸种在地里可以开出花来。我敢肯定，这里的宾客来自全球各个大洲（南极洲除外）。

我提早到场进行准备，上台前还剩余了大量时间。我开始和一个叫杰夫·普罗文扎诺的男士聊天，我本以为他是我的技术助理，但是我错了，他是一名专业跳伞运动员。[4]他曾收到重金赞助，要求他身着紧身连体裤（这让他看起来像一只飞鼠），从挪威的悬崖跳下；也曾穿着降落伞从世界第二高的住宅楼——迪拜公主塔跳下；还曾在3千米的高空，坐在货运飞机的椅子上玩着游戏的同时被扔下去。有一次，普罗文扎诺从一架飞机上跳下，以每小时160千米的速度俯冲向得克萨斯州的一片湖里，最后降落在一个移动的喷气式滑艇的后座上，而他前一天才刚刚认识滑艇的驾驶员。在汽车节目 *Top Gear* 中，普罗文扎诺与福特F-150越野车猛禽475竞赛，赛程为8千米。福特越野车在亚利桑那州的沙漠地带横行，普罗文扎诺则头朝下从高空降落，最后普罗文扎诺获胜。

活动开始之前，他拿出了屏幕已经碎裂的手机，我想，做他这份工作，手机屏幕碎裂是难免的。

我们开始谈论彼此的工作。根据他的上述成就，我们不难推测他的工作非常有趣。其中有一个故事激起了我的好奇心，这个故事直接说明了视觉的力量和聚焦的重要性。

普罗文扎诺和他的队友卢克·艾金斯、乔恩·德沃尔收到了一份挑战，要求他们从7 620米高空的飞机上跳下，落地到一个安全网内，而且不能背降落伞。[5]他们的第一反应是拒绝这个会让妻子变成寡妇、孩子失去父亲的挑战，但之后他们改变了主意，决定放手一试。艾金斯是被指定的挑战者。

他们3人组建了一个团队，团队成员还包括电影《钢铁侠》的武术指导、设计机场跑道照明指示灯的灯光设计师、GPS（全球定位系统）工程师、服装设计师（设计飞行服时能够尽量将阻力降到最低，同时又为着陆所需的脊柱保护套和颈托留有足够空间），以及多位美国国家航空航天局的工程师（他们经常计算各种物体接触地面的冲击力，例如流星、人体……在这个任务中需要计算的便是人体接触地面的冲击力）。

他们一同设计并搭建了一张30米×30米、承重能力为272千克的安全网，并用吊车将安全网吊起来。在艾金斯坠落之前，这张悬浮的安全网会释放，目的是为了减缓冲击力。释放太快，安全网造成的冲击力便会过大；太慢，则会降低其弹性。特技演员尼克·布兰登专门负责计时系统，控制释放按钮。两位团队成员负责计算降落速度，一位经验丰富的跳伞运动员则充当探子，观察艾金斯脚后的烟雾，布兰登在他们的指导下行事。

此外，安全网上还带有空气活塞，旨在创造一个所谓的"轻缓的制动系统"。根据科学家的计算，艾金斯在降落时会经历2.4g[①]的重力，与航天员在火箭发射时经历的重力相似。

艾金斯计划带一个跳伞用氧气罐，以防缺氧。缺氧是指在海拔极高的地方，如珠穆朗玛峰高山营地的高度、飞机的巡航高度或艾金斯

[①] g 为重力加速度，g = $9.80665m/s^2$。——编者注

此次跳伞起点的高度会出现的认知混乱、耳鸣、色盲、嘴唇发青等症状。艾金斯的表兄计划和他一同跳下,当到达氧气充足的高度时,他会在半空中将艾金斯的氧气罐拿走。

普罗文扎诺和团队计划带着直播摄像机,如此一来,艾金斯从7 620米的高空下落的整个过程可以通过电视直播让更多人亲眼见证。

但是,最吸引我的是艾金斯找到并降落在那张安全网上的方式,这似乎比在草垛里寻找一根针还要难(至少那时你是站在地上的,你会死掉的唯一原因是无聊)。他们购买了8个精密进近航道指示器——一种常被用作引导飞机着陆的指示灯。在此次高空降落中,精密进近航道指示器将引导艾金斯移动到安全网的中心,团队希望艾金斯能够降落于此。指示器发出红色和白色的高强度光线,它们挨个排列,最后形成一条线,在几千米以外的高空都能够清楚识别。他们将指示灯放在安全网外部,摆成两个同心圆,就像靶心周围的内圈和外圈一样。艾金斯的目标是将自己定位在安全网中心的正上方。当他偏离安全网时,灯光会呈现红色;当他回到安全网中心时,灯光会呈现白色。艾金斯知道,在降落过程中——或者用他们的话来说,在飞翔过程中——他需要保持在白色光线范围内。真正的挑战在于,在练习时,即便他感觉是在直线下落,但GPS却显示他每小时会产生32千米的水平偏差。我告诉普罗文扎诺,如果我跳下的时候知道自己注定会死,我绝不会一直观察颜色,还去思考其背后的含义。普罗文扎诺说这并不难:"白色代表你没有偏差,红色代表你必死无疑。"

尽管在我看来这是一次十分危险的行动,但普罗文扎诺和他的团队并非未经测试就将艾金斯扔下飞机,他们进行了一次又一次的测试。他们拿一个与艾金斯体重一致的人体模型做过多次试验,也曾穿着备用降落伞练习多次,每次测试都促使设备和团队不断突破极限。

第一次测试时,他们发现指示灯并未发挥应有的作用。指示灯的位置不太合适,内圈指示灯在直径为 30 米的安全网的边缘,外圈指示灯距离安全网中心 76 米。这两组指示灯非常接近,张开手臂从高空降落过程中,用一个指头便可以遮住它们。普罗文扎诺告诉我,在第一次测试时,他和艾金斯并未留意外圈指示灯。虽然所有灯光都是垂直向上的,光线十分刺眼,足以穿过大气层,他们在跳下之前都可以看到。但是,普罗文扎诺和艾金斯跳下后,便全神贯注于靶眼周围的 4 个指示灯,基本忽视了外圈指示灯的存在。当他们全神贯注时,便会忽视视觉框架以外的东西。

团队就此进行了调整,他们将内圈与外圈的直径分别缩小为原来的 30% 和 40%。白色灯光的面积大大缩小。但与之前不同的是,白色灯光仅仅照亮艾金斯需要聚焦的区域。

那么最终结果如何呢?2016 年 7 月 30 日,在 7 620 米的高空中,艾金斯手中紧握着跳伞用氧气罐,走到赛斯纳飞机的机门前。他探出头向下看,虽然无法看到安全网,但他仍然跳下去了。他划过天空,探测器显示,他的心率为每分钟 148 次,比我在尊巴课上模仿街舞舞步时还要沉着冷静。他在空中滑翔,寻找着白色灯光。锁定白色灯光后,他便将自己固定在这一区域,完成了后半程的降落。距离安全网 92 米时,艾金斯转身将背部朝下,以便安全网能够拦腰接住他的身体。从飞机上跳下 2 分 9 秒后,艾金斯落入安全网中。他在自己安全着网的那刻尖叫起来——并不是因为疼痛,而是感到如释重负,同时也为自己完成了一件看似不可能的事情而感到骄傲。

尽管亚利桑那的沙漠广袤无垠，艾金斯的视觉注意力却十分集中，就像佩茨法尔发明的相机镜头一样。他从高空看地面的视觉框架非常广阔，有层层叠叠的高山、川流不息的河流、蜿蜒曲折的马路……但在下落过程中他并未关注这些，在锁定安全网的位置后，周围所有的事物都变得模糊不清。这是完成这一挑战的关键所在。

精英运动员如何聚焦

琼·贝努瓦·萨缪尔森脚离地还不到 60 厘米，和卢克·艾金斯的 7 620 米相差甚远，但她达成了史无前例的成就。[6] 1984 年，洛杉矶奥运会首次设置女子马拉松项目，萨缪尔森在比赛中打败竞争对手，成为奥林匹克女子马拉松项目的首金获得者。她的腿曾在一次滑雪事故中受伤，为了恢复，她高中时坚持长跑锻炼。大学时，她参加了 1979 年的波士顿马拉松，那时的她还是一个寂寂无名的小辈。她赢得了这场比赛，并以领先原纪录 8 分钟的成绩刷新了世界纪录——4 年后，她又将世界纪录提前了 12 分钟。

她是如何做到的呢？

尽管萨缪尔森并不认识佩茨法尔，更不认识艾金斯，但她在自己的领域克服挑战的方法与佩茨法尔设计镜头，以及艾金斯团队设计指示灯系统的方法如出一辙。她在观察周围世界时会聚焦于一点。

跑步时，萨缪尔森会扫视她前面的参赛者。[7] 她会选择一位——例如穿粉色短裤的那位参赛者，然后超越她。之后，她会继续寻找并超越新的目标。她的目标看似遥远——全程长达 42.2 千米，这对我们大多数人来说都有如天方夜谭，她却将其分解成多个可控的小目标。萨缪尔森设定的目标既有挑战性，又并非望尘莫及；既能够起到激励作用，又不会让人灰心气馁。这些目标能够敦促她跑得更快，却不会让她筋疲力尽。在马拉松比赛的最后阶段，在到达终点之前，萨缪尔森便会采用这种策略。她让自己的眼睛聚焦于每一个新的小目标，尽管她那时已经非常疲惫。着眼于小目标可以激励她加速前进。通过这种方式，之前看似遥不可及的大目标便变得切实可见了。

萨缪尔森的成就让她在一众运动员中脱颖而出。在某年 1 月的一个寒冷的夜晚，我坐在布鲁克林 YMCA（基督教青年会）健身中心的地上观察时发现，其他优秀的跑步运动员也会使用她所用到的策略。

美国田径俱乐部巅峰速度的队员每周在这家 YMCA 健身中心的橙色橡胶跑道（是正常跑道的 1/4）上训练一次。团队成员均获得过奖项。其中一位是尼日利亚的跑步冠军；还有一位来自特立尼达岛的跑步亚军，曾与尤塞恩·博尔特一同训练；第三位是拉隆德·戈登，曾两次获得奥运会铜牌，是第一位获得奥运会奖牌的特立尼达和多巴哥人。

那天晚上，这些精英跑步运动员在踏上起跑器之前，和我讨论了他们是如何看待眼前的跑道的。

我向他们解释了聚焦对于科研人员来说意味着什么，并问他们跑步运动员在跑步时会关注什么。他们是否会将视线聚焦在一个标志上，比如终点线或直道的终点。

此外，我还问他们是否会分散注意力。例如，他们会转头看前面的弯道或者左右两边的人吗？他们会为了将周围的事物尽收眼底而四处张望吗？

他们表示，尽管自己很想实时了解赛况，但是他们会使用与萨缪尔森类似的视觉策略——聚焦，并且认为这才是打败对手的有效方法。

目之所及即问题所在

这些运动员除了从不担心泳装季的到来之外，他们日常生活中的许多方面也与我截然不同，与那些非精英运动员也不太一样。显然，一个重要区别就是他们看待周围环境的方式：他们似乎不会过度关注周围的环境。此外，他们对于挑战的定义也持有不同看法。事实上，研究表明，身体状态的确会影响我们对运动的看法。[8]大量证据显示，相比体重较轻且充满活力的人，体重较重并因此感到疲惫的人会觉得走路或跑步的距离更远，爬楼梯或爬山时也会有同样的感觉。当前进比较困难时，我们在视觉上会感到周围的环境带来的挑战更大。

在弗吉尼亚大学的一项研究中，研究人员调查了60位经验丰富的跑步者，请他们分别在跑步前、跑步后回答一些问题。[9]这60位跑步者每周跑步不少于3次，每次距离都在4 000米及以上。他们知道自己需要跑步，全凭个人喜好选择路线，只要确保起点在一个山脚，终点在另一个山脚即可。在开跑前和跑步结束后,他们都会利用量角器测量每座山的坡度,并与自己之前看到的坡度进行比较。

尽管参与调研的均为身体强健的跑步者,但结果显示,他们感到疲惫时往往会感觉山坡更陡。实际上,他们在筋疲力尽时估计的坡度是精神饱满时估计的坡度的1.5倍。

在实验中,我发现其实不必通过几千米的跑步让人们觉得周围的环境更加压迫。[10]我们将参与者的腰围和臀围作为健康指标记录下来,之后请参与者负重跑到终点,并请他们估计自己与终点之间的距离:他们需要在一张几乎空白的地图上指出终点的位置,地图上只有我们所在房间的大概轮廓和一个起点标识。

实验结果表明,参与者的腰臀比与他们所认为的与终点之间的距离有很大的相关性,不过他们对此毫无察觉。相比身体健康的人,身体相对不健康的人所认为的终点位置更远。人们在疲惫时,便会出现这种感知夸大的现象,每天努力控制体重的人亦是如此。想要坚持锻炼真是难上加难。

试着将锻炼简单化

这令我不禁想问:如果视觉是影响运动的因素之一,那么它能否成为一种解决方法呢?我与团队设计了一种训练人们以不同方式看待周围环境的方法,帮助他们将健身变得更加容易。一开始,我们教他们用巅峰速度的运动员和其他世界顶级运动员看待终点的方式看待他们走入的街角小店或者是和孩子一起去的游乐场。即便他们无法达到参赛水准，我们仍然希望能够借此提升他们的运动质量。

我的两位学生——莎娜·科尔和马特·李乔先采访了在一家社区健身房锻炼的人，问他们是否想要测试自己的运动能力。[11] 我们表示会在他们的脚踝上戴一个承重护腕，将他们的体重增加15%。同时，他们需要以最快速度走到终点——这个运动具有一定挑战性，但并非不可实现。

开始之前，我们对不同小组的参与者分别进行了注意力训练。我们告诉一组实验者要像萨缪尔森和巅峰速度的运动员一样将视线聚焦于终点。他们可以将自己的眼睛想象成一个聚光灯，仅仅射向自己的目标，不要东张西望。另一组则与平常一样，可以四处张望，看看周围的墙壁、旁边的篮球筐，或健身房里的其他锻炼者。

在真正开始运动之前，每位参与者都估计了自己与终点之间的距离。他们测量距离的方法多种多样，我们发现，相比可以随意张望的参与者，被要求将视线聚焦于终点的参与者所估计的距离更短，两者对距离的估算相差30%以上。聚焦令我们感觉锻炼更加轻松。

但是这对提升比赛成绩是否有益呢？为了验证这一点，我们请参与者以最快速度到达终点，然后告诉我们他们所花费的精力。根据参与者的口头汇报，注意力高度集中的一组消耗的精力比另外一组少17%。这一结果并非全凭主观。我们也记录了每位参与者完成竞走的时间，将视线聚焦于终点的那组比另一组快23%。让我来通过具体数据说明这23%的重要意义。假如你是一位成年男性，正在考虑参加柏林马拉松，你原来完成全程需要2小时45分钟，如果提速23%，那么你现在完成全程的时间只与世界纪录相差 5 分钟。2018 年，肯尼亚的埃鲁德·基普乔格在柏林马拉松中以 2 小时 1 分 39 秒的成绩创下世界纪录。[12]

聚焦不仅会改变我们看待运动的方式，也会影响任务完成的好坏。这一视觉策略如此有效的原因在于我们的大脑。关注最终结果的人健身效果更好，原因在于他们直接感知到的不断缩短的距离增加了他们的信心。当目标近在眼前而不是远在天边时，大脑会激励我们加倍努力、克服挑战、实现目标。

亲眼见到我们的存款继承者

聚焦也有助于我们优化财务状况，促使自己（至少在心理上）提早实现退休目标。

大多数人到退休时都感觉自己没有足够的金钱过上想要的生活。2017 年，美联储调查的美国人中，超过六成人认为不应该存退休金或不确定是否应该存退休金。[13] 他们的感觉没错。同样在这一调查中，美联储发现，1/4 的美国上班族没有存退休金或投资任何形式的退休产品。没有退休金储蓄账户的人并非都是富豪。实际上，员工福利研究所 2019 年发布的一项分析报告显示，超过四成的美国家庭预计在退休后会面临囊中羞涩的窘境，这些家庭的收入顶梁柱的年龄在 35～65 岁之间。[14] 这个报告对单身人士造成的冲击最大：退休前工资处于最低等级的单身男性的人均退休金缺口为 3 万美元，而单身女性的人均退休金缺口则为 11 万美元。

导致想象与现实脱节的一个原因在于：许多人开始考虑存储养老金的时间过晚。我们不能责备债台高筑的大学毕业生没有充分考虑退休后的生活。在他们买完一个新衣橱、结清车贷、缴纳上涨的房租和健康保险后，他们的工资便已所剩无几。

尽管面临重重压力，金融顾问仍然呼吁我们提早进行退休规划。原因何在？请思考以下的例子。按保守估计，假如年平均投资收益率为 8%，若你从 22 岁开始每月存 500 美元，那么在 65 岁退休时的存款便会超过 200 万美元。[15] 但如果你的薪资水平仍处于初级阶段，每月存 500 美元的目标便很难实现，人们很容易便会放弃投资几十年后的生活。提早存钱是一条经验法则，相比之后补存更多金额，前者的收益更多。假设其他因素不变，由于存在复利，与 20 年后开始存款，每月存 500 美元的人相比，从 22 岁开始存款，每月存 100 美元的人在退休时的存款更多。

即便对于我们这些并非精算师的人来说，也能从这道数学题中明白提早存款的好处，但我们仍会将劝说我们早点存款的话当耳旁风。因此，为了进一步理解年轻人对养老金的储蓄为何如此之少（如果有的话），我以一群我教过一个学期的学生为样本，做了一项非正式调查。他们将在几个月后毕业，都已经找到了工作，有能力支付自己的学费和其他账单。但是，当我问他们是否在存储退休金时，60 位学生中有 55 位给出了否定的答案。我又问他们考虑存储退休金的频率是多少，他们大多表示"不怎么考虑"或者"或许一年一两次"。当我问及原因时，一位叫维多利亚的学生表示："未来似乎太过遥远了。"很多学生与她的回答类似。这的确没错。

然后,我打算试试自己能否改变他们的想法。我想要找到一种能够让他们看到退休后的自己的方法,并且要与如今的他们更有关联性。相比视觉上觉得终点遥不可及的跑步者,那些在视觉上觉得终点近在眼前的跑步者速度更快,我也想要创造一种类似的视觉体验,让未来看似近在眼前,这或许可以帮助他们提早开始养老金储蓄。所以,我为学生们拍摄了大头照,并通过电脑图像制作软件将他们的脸与一些年龄较大的名人的脸相结合。然后,我为每位学生制作了动画,展示他们从现在转变为未来的自己的过程。一部分女生会看到自己有着演员贝蒂·怀特一样的头发和嘴巴,另一部分女生则会看到自己有着作家马雅·安吉罗一样的眼睛和下巴,男生则会看到自己逐渐变成主播丹·拉瑟的过程。我想,如果我让他们看到未来的自己——清晰地看到自己退休时的样子,或许未来对他们来说便不再是遥不可及的了。

刚开始,他们的反应大多是恶心、恐惧、震惊。当伊丽莎白看到自己顶着贝蒂·怀特的头发时,她先是倒抽一口气,然后忍不住大笑起来,最后说道:"这太可怕了。"玛丽萨则用温柔甜美的声音说道:"哦,天哪!"杰西卡大声说道:"我的天哪!这太可怕了。"拉图尔则回头看着我说道:"说实话,我觉得我这样看起来还不错。"

然后,我将他们年老时的大头照发到每个人手中。他们在照片边缘的空白区域写下了希望自己退休后如何度过每一天,更偏向于将时间花在哪里。

然后,我问他们现在是否会开始存储退休金,他们都表示可能会。

这个项目是在社会心理学家哈尔·赫什菲尔德所做的一项真实试验的基础上发展而来的。[16]哈尔·赫什菲尔德用另外一种方式向年轻人展示了年老的自己：他为一群大学生拍照，然后将照片处理成他们年老的样子，他并未使用名人的照片进行合成，效果更加逼真。当他向学生展示他们45年后的样子时，学生们表示想把当前薪资的6.2%存入养老金，而那些只看当下照片的人只想把当前薪资的4.4%存入养老金。

在第二个研究项目中，赫什菲尔德为学生们制作了其年老时的虚拟化身。如此一来，他们不仅能够看到45年后的自己，还能看到年老的自己在虚拟环境中与他人互动。学生们进行沉浸式体验，之后，研究人员问他们，假如得到了1 000美元的意外之财，他们会将其中的多少存入账户、多少用于为特别的人购买不错的礼物、多少用于准备一场奢侈有趣的聚会、多少用于退休金储蓄。实验中，一组学生看到的是当下自己的虚拟化身，另一组学生则体验了年老的自己的虚拟化身。相较之下，后者存储的养老金金额是前者的两倍多：后者平均为172美元，前者平均为80美元。

正是由于赫什菲尔德的这项研究，美国保德信金融集团推出了一条广告。广告中，一位心情愉悦的年轻男子坐在沙发上，身旁是年老的他——他未来的"存款继承者"。他们向彼此进行自我介绍，发现彼此有许多共同之处。他们喜欢相同的音乐，为同样的体育队呐喊助威，时尚品位相同，发型也十分相似。基于研究结果，保德信金融集团认为，敦促人们想象未来的自己会激励他们提高储蓄金额。因此，公司组建了一支精英统计师队伍，让他们专门负责预测未来。他们设计的模型显示，如果每个美国人每天存款 3 美元（在纽约，这连一杯好咖啡都买不到），那么整个国家的退休金存量便会达到 4.3 万亿美元。

让未来更加光明

将未来看作当下的一部分可以帮助我们将当下的选择与未来的目标联系得更加紧密。当我们关注未来时，遥不可及的目标与我们当下所在的起跑线之间的距离便会缩短，我们也会更容易做出让自己长期受益的选择。另外，这也可以帮助我们避免做出只顾眼前利益、忽视长远利益的决策。

青少年非常不善于处理短期利益和长期成本之间的冲突，对于容易违法违纪的青少年尤甚。青少年的风险评估能力仍处于发展阶段，因此他们选择的行动方案或许能够在当下逞一时之快，但对未来有百害而无一利。社区活动中心全新的漆画在前几个小时看起来吸人眼球，但是当警官来学校抓捕那些逃课去涂鸦的学生时，情况便会全然不同——这是我父亲在回忆他的少年时期时告诉我的，至少在他年少时期是这样的。

赫什菲尔德想要了解：如果学生对未来能够更加感同身受，那么短期利益与长期成本之间的矛盾能否得到缓和。[17] 为此，他和同事与荷兰的一所高中合作开展了一项研究。这所高中的学生们在社交媒体平台上交了一个新朋友——自己的虚拟化身。大约一半的学生看到的虚拟化身与自己出奇地相似：他们有着相同的发型，穿着相同的衬衫，连雀斑都一模一样。另一组学生看到的虚拟化身也是他们自己，不过要比现在的自己大15岁：他们的眼神更加疲惫，脸色更加红润，眉毛颜色也开始变淡。这些细微的变化让虚拟人物看起来更加成熟。

整整一周，虚拟人物每天都会向学生发送消息，问他们这一天过得如何。在这段友谊开始的一周前和结束的一周后，学生们向研究人员坦白了自己在过去一周做出违纪行为的频率。基于他们的回答，研究人员可以推算这段友谊对学生的行为是否构成影响。

与年长的自己互动的学生更能够与未来的自己感同身受，也会克制自己的不良行为。他们做出那些明令禁止的、在未来会让他们追悔莫及的行为的可能性更低，喝酒的频率也大大减少，也会有意不去破坏更多的东西。看到未来的自己增强了他们与年长的自己之间的连接感，因此，他们会以更加积极的方式与世界相处。相比与自己年龄相当的虚拟人物互动的那组学生，这组学生不良行为的降幅十分明显，而前者做出不良行为的频率甚至更高了。

与未来的自己建立联系可以帮助青少年减少不良行为，但其好处远不止于此。应届毕业生中，相比鲜少考虑未来的学生，更能与未来的自己感同身受的学生在学术论文上出现拖延现象的可能性更低。另一项研究显示，在商务往来中，能够与未来的自己感同身受的人对不道德谈判行为（例如，想方设法让竞争对手被解雇、做出妥协却不信守承诺、向竞争对手传达错误信息、贿赂他人搜集内部消息）的容忍度更低。[18]还有一项研究显示，在未来导向的学生中，近3/4的人信守专业承诺、出席已报名参加的会议的可能性更大。[19]在这群人当中，多数人即便自己面临经济损失也会保证公平公正、诚实坦率。实际上，未来导向的人与他人分享信息的概率要高出 2.5 倍，即便这意味着他们自己收到的会议酬金会减少。

紧盯目标

20 世纪 50 年代中期，美国亚拉巴马州的蒙哥马利曾在巴士上实行种族隔离。黑人坐巴士时需要先在车头付钱，然后下车，走到后门再上车。一直以来，前 10 个座位都是留给白人的，后 10 个座位是留给黑人的，中间的 16 个座位并无限制。若中间部分的座位并未坐满，那么白人则从前往后坐，黑人从后往前坐。法律规定，在黑人与白人间只隔一排座位时，如果再有黑人上车，他们必须站着，白人与黑人前后排挨着坐是违法的。倘若再有白人上车，那么中间部分最前排的黑人必须站起来，为白人腾出一排座位。

1955 年 12 月 1 日，罗莎·帕克斯坐在巴士中间部分座位的第一排，这是合法的。此时，一位白人上了车，坐到了她的前一排。司机要求帕克斯腾出座位，但是她拒绝了。她被警察逮捕，由于没有遵从司机的座位安排、违反城市法令而被判有罪，罚款 10 美元外加 4 美元的诉讼费。这一事件激起了美国的民权运动。

1956 年，蒙哥马利巴士抵制运动如火如荼地进行了将近一年，近 4 万非裔美国人参与了这一运动。非裔美国人占蒙哥马利巴士顾客总数的3/4，他们的行动严重影响了当地公共交通系统的日常运营。起义者组织拼车，有车的志愿者开车送其他人去工作、回家或市区的其他地方。蒙哥马利市政府要求保险公司撤销参加拼车的私家车车主的保险，起义领导者便通过跨国公司为这些私家车车主上了新保险。黑人出租司机每段行程只收乘客10美分的车费，与巴士车费不相上下，蒙哥马利市政府官员便针对收费低于45美分的出租车司机征收罚款。美国的各个教堂募捐新鞋，并将募集来的鞋子发放给因走路而磨破鞋子的蒙哥马利市黑人市民。

报复很快便到来了。民权运动领导者的房子和黑人浸信会教堂遭到火弹轰炸，起义者惨遭袭击，包括马丁·路德·金在内的90位民权运动领导者被指控密谋妨碍商业活动，马丁·路德·金入狱。

同年，民权运动积极分子爱丽丝·瓦恩写了一首歌，鼓舞黑人群体。[20] 瓦恩住在南卡罗来纳州的约翰岛，她毕业的学校是第一批进行选民教育的学校，学校课程主要围绕教授非裔美国人如何通过公民投票必需的测试。在这所学校里她学会了如何注册投票，以及投票遭到袭击时如何以非暴力手段进行回击。此外，她还参与了要求美国民主政治向全体公民开放的运动。瓦恩基于《圣经》经文和传统民谣创作了这首歌的歌词，其主题是"即便困难重重也要推翻压迫、不屈不挠"：

我手拿福音犁

不再轻视脚下的路

紧盯目标、心无旁骛，坚持，坚持

> 坚持，坚持
> 紧盯目标、心无旁骛，坚持，坚持

歌词在南卡罗来纳州传播开来，在密西西比州首府杰克逊和密西西比州立监狱的"自由搭客"中也广为传唱，之后又传播到纽约州首府奥尔巴尼。1958年，黑人歌唱家马哈丽亚·杰克逊、作曲家艾灵顿公爵先后在新港爵士音乐节上演唱这首歌，歌曲也因此登上国家舞台。爱丽丝·瓦恩写的歌词激励了那些此后继续为公平正义奋战的人。

尽管这首歌已经有60多年的历史，但歌词仍然能够激励今天的我们。就算面临重重挑战和阻碍，我们仍要集中注意力、心无旁骛。未来对我们而言既遥不可及，又是当下生活的组成部分。我们要像歌词中提到的那样紧盯目标。

03
制订一个完整的计划

在英国伦敦，你如果在周末的早晨外出吃饭或者在一位热衷烹饪的英国朋友家里吃饭，那么一定要做好吃一整套英式早餐的准备。当一盘油炸加热的美食摆在你面前时，出于礼节，你要吃掉小香肠、土豆泥、鸡蛋、蘑菇、番茄、焗豆、面包和黑布丁。这的确非常放纵，但是如果少了其中任意两三种原料，这顿饭便会失去精髓。如果只有肉和土豆，或者只有鸡蛋和吐司，这场体验便是不完整的，这顿饭也没有达到它的目的——让你吃得撑肠挂腹。

当我们打算实现一个远大目标时，无论是学会烹饪还是达成其他任何目标，只有准备充分，我们为自己规划的实现目标的方法才是最高效的。船长不可能只在地图上放一个图钉标注目的地，就能够带领整个船队穿越大海，他们会在航行前考虑所有会影响航程的因素：速度、气流、洋流、海潮、水深、危险隐患、地标等。厨师并不是单单在桌上摆上一个大餐盘，就能完成全套英式早餐装盘的艰巨任务，他们会在烹饪前确保英式早餐会用到的所有食材全部到位。同样的道理，我们只有准备充分，才更有可能实现目标。我们需要像准备全套英式早餐一样制订完整的计划。

标记目的地

制订完整计划的第一步是：确定最终目标。就像厨师和船长一样，在行动之前确定目标会让我们受益良多。与厨师和船长相比，我们不需要制作挂在餐厅窗口的、专业印制的菜单，也不需要在舵轮后方的航海图上使用图钉标注目的地。我们确定目标的形式非常普遍——在一开始便把能够起到激励作用的视觉图像放在显眼的位置上，全球上百万人都是如此，这便是近几年自我提升类畅销书《秘密》建议我们在完成愿望清单上的事项时应该做的事。[1]作者在书中建议：制作愿景板。

我相信你一定见过愿景板，甚至很有可能制作过愿景板。想要制作愿景板，首先需要整理一系列的视觉图像，并将其像剪贴簿一样排序。你所选择的图片代表你最远大的理想——你希望自己的外貌如何，你想要实现的目标是什么，或者你认为的成功是怎样的，然后把它挂到你每天都能看得到的地方。

愿景板现在非常流行，因为人们觉得它十分有效。最近，我调查了来自52个国家的近1 000个人，他们的年龄从16～69岁不等。其中半数人表示他们制作过愿景板，2/3的人表示他们有朋友、同事、家人或者其他认识的人制作过愿景板，超过九成的人认为愿景板或许能够激励人们思考生活中哪些目标对自己而言至关重要。这样看来，我的手机相册就有点像一个愿景板：相册里的照片展示的都是，我坐在鼓凳上，马修坐在我的脚边把自己的有圆点图案的耳机当作耳塞戴在耳朵上，手里拿着鼓槌击打大鼓。

名人对这种方法的应用促进了愿景板这一概念的进一步普及。众所周知，美国主持人艾伦·德詹尼丝有好几个月都在说，希望自己能够登上"脱口秀女王"奥普拉·温弗瑞创办的《奥普拉杂志》的封面。于是，她制作了一个愿景板，不断提醒自己和观众她的这个目标。艾伦用图片处理软件 Photoshop 为自己和奥普拉合成了两张穿着比基尼的照片，一张是她们坐在沙滩上，一张是她们坐在花花公子大厦里。另外，她还为自己和奥普拉合成了第三张照片：她们坐在圣诞老人的腿上，圣诞老人的怀里还抱着一个哇哇大哭的小孩。她认为这张照片可以作为圣诞特刊的封面。她还将自己的照片合成在奥普拉和唯一一位登上《奥普拉杂志》封面的女性——美国前第一夫人米歇尔·奥巴马之间。艾伦的梦想是真实的，她为此合成处理的照片也是真实的。

奥普拉在听说艾伦的奇思妙想和创作后说道："艾伦是一位志在必得的女性。她下定决心想要登上《奥普拉杂志》的封面，便全力以赴实现目标。她成功了！今年 12 月，我将和这位我非常欣赏的女士一起登上《奥普拉杂志》封面，这是我第二次与我欣赏的女人分享封面。"[2]

2016 年，道明银行对 500 位小微企业的老板进行调研，问他们是否愿意使用愿景板。[3] 超过 3/4 的人表示他们认为愿景板能够帮助员工准确理解公司未来 5 年的发展目标。在接受调查的人当中,"千禧一代"(指出生于 20 世纪时未成年,在跨入 21 世纪以后成年的一代人)使用愿景板的可能性更高。在他们成长的时代中,人们会经常使用视觉图像展示自己的生活,并且能够随心所欲地使用各种数字及社交媒体平台。近六成的人表示他们会使用愿景板决定自己是否创业,近九成的人表示自己会利用愿景板拟订商业计划。

但是这些数据能够说明什么呢?道明银行进行的研究发现,在确定商业目标时,相较于不运用视觉图像的人,能够合理运用视觉图像的人对自己实现目标的能力更加自信,其自信程度比不运用视觉图像的人高出近一倍。

制作愿景板可以帮我们形成视觉图像,同时对自己实现目标的能力更加确信。愿景板等具有激励作用的视觉图像作为具象化工具,通过具体的形象描绘了我们的理想与目标,这些都是我们具象化目标的工具。

这个将目标具象化的方法适用于经济决策,也能够帮助公司将未来增长目标明晰化,而且还可以应用于生活的各个方面。逛超市时,我们会将购物清单写下来,而不是依靠自己对冰箱和储藏柜里的物品的记忆;我们会为孩子列任务清单,要求他们完成任务后才能出去玩;我们在镜子上贴便利贴,提醒我们善待自己或记得"扔垃圾",无论是字面上的还是隐含意义上的垃圾;我们在规划假期或者统筹工作团队时会创建清单,然后将已完成的任务一个接一个地划掉……这些都是目标具象化的表现。追求目标的过程中难免会出现一些阻碍我们到达终点的陷阱,具象化可以帮助我们避免落入这些陷阱当中。

当我思考自己如何从一个新手变成我所期望的一曲成名的鼓手时，我的第一个想法就是在架子鼓周围的墙上贴上曾经激励几代人的传奇人物的照片。我从来都不是在墙上贴乐队海报或者演唱会票根的追星女孩。但是，为什么现在不试试看呢。我把几年前我父母送给彼得的圣诞礼物——匆促乐团的海报裱框并挂在墙上，还贴了十几张彼得和我都非常喜欢的音乐人的照片，以及我们一起看过的上百场非常精彩的演唱会的票根。

设立目标时避免含糊不清

除非我们像艾伦一样和奥普拉是好朋友，否则我们需要做的绝不是仅仅在愿景板上将目标具象化。道明银行的调研结果显示，目标具象化增强了小微企业老板的信心，这的确很好。但是，真正的问题在于这种信心能否增加成功的概率。愿景板能够帮助我们找到实现目标的真正方法吗？在客厅墙壁上贴满摇滚明星的海报能够让我成为一名鼓手吗？

很遗憾，幻想未来的成功并不代表能够成功，将梦想的未来具象化并不足以让我们梦想成真。我那时的同事希瑟·巴里·卡佩斯主导的一项研究揭露了原因所在。[4]她请参与者想象，成功实现一个重要的健康目标后他们会怎样。在参与者想象的同时，希瑟监测他们的生理变化。最后发现，在将成功具象化的过程中，参与者的心率和血压均呈下降趋势。根据身体反应判断，他们甚至还没开始就想要放弃了，他们的反应看起来就像快要睡着了一样。当我们想象自己克服一些困难的挑战，例如减肥成功或者得到晋升后的感觉会有多棒时，我们正在精神上享受着成功——我们会躺在"功劳簿"上。我们会因此不思进取，甚至在还未开始行动时就已经没精打采了。

我对此深有体会。把那些用于激励自己的海报贴到墙上后，我便坐下开始打鼓。我告诉自己，放手去做，但是在真正擦出火花之前，我便失去了学习架子鼓的热情。

我问彼得他是否愿意做我的第一位（也是唯一一位）打鼓老师。彼得是最适合的人选，原因有很多，其中比较重要的一点是，如果我没记错的话，他在结婚誓词中说过"无论是好是坏都将与我在一起"，教我打鼓便是对他是否信守承诺的考验。

第一堂课非常简单，他向我传授了一些基础知识。他指导我用腿圈住小鼓，并在弱拍（每个小节的第二拍和第四拍）时用力敲击，让小鼓发出尖锐的巨响。他让我距离踩镲近一些，确保右手能够绕过身体打到踩镲。我顿了一下，猜测他说的应该是我左侧鼓架上的那对镲片，它们像两个飞起来的茶碟一样并排悬在空中，非常不容易敲好。用鼓槌敲击时，它们会发出清脆的声音；踩下左脚处的脚踏板时，它们便会被闭音，金属的嘶嘶声也会随之中断。另外还有大鼓，也被称为底鼓（大鼓不能直接用脚踢，这是我从惨痛的教训中学到的。刚开始学习的时候，我差点因此从座位上掉下去）。大鼓是整套架子鼓中最大的配件，鼓面通常被用来做广告宣传。假如你在1964年披头士演唱会的现场，却忘记了自己身在何处，鼓手林戈·斯塔尔的大鼓鼓面上贴着的英国国旗和披头士的标志便会提醒你。用右脚踩下大鼓的踏板便会敲出强有力的声音，就像歌曲的心跳一样。

此外还有一些个性化的配件。我还没有形成自己的打鼓风格，因此直接征用了彼得的架子鼓。他的架子鼓右边有一个节奏镲，每次用鼓槌尖端敲打它时便会发出响亮的叮叮声，可用于推进节奏；溅音镲和重音镲的声音正如其名，分别用在副歌部分的开始和结束；中鼓位于小鼓之上，其鼓面和鼓身在演奏中的使用频率很高，热情洋溢的鼓手们会用它来开启歌曲的主歌部分。最左边的轮鼓就像是感恩节大餐里的绿叶沙拉，利用率极低，因为它更适合演奏拉丁音乐，而且它距离我太远，我很难触碰得到。

接下来是鼓槌的握法，很快我便发现我有多种选择。我可以使用传统式握法——直接握在手里，就像拿着铅笔和别人握手一样。也可使用法式握法和德式握法，二者的区别在于我是否想要露出手掌。但我最终并没有选择这些握法，我选择了美式握法，尽管我觉得自己并非狂热的爱国人士。美式握法的掌心方向通常保持在斜向下45度，这种握法既可以保证优雅，又可以确保力度——这两种能力我当时都不具备，无论是在打鼓上，还是在其他事情上。

对架子鼓初步熟悉后，我便需要迈出第一步了。很明显，只能由我主动出击，而不是架子鼓，但我还没掌握将架子鼓的各个部分综合起来打出声音的方法。我僵在原地，接下来的步骤让我倍感压力，我甚至不知道自己的目标是什么了。我拿着鼓槌，却迟迟没有敲下去。我看着彼得，然后起身离开了。

第一堂课让我明白，即便把我的头合成到英国著名鼓手凯斯·穆恩的身体上并在脑海中不断想象这幅画面，也无法帮助我将梦想变为现实。每天只盯着挂在墙上的、与自己视线平行的汗流浃背的加拿大摇滚乐队的照片根本无济于事。在重要位置挂上海报、制作愿景板是远远不够的。原因是什么呢？

身为一名社会心理学家有两个不好的地方。第一，人们不知道社会心理学家是干什么的。当有人在派对上问及我的职业时，他们会以为我说的是临床心理学家。因此，他们会因为担心我解读他们的内心，知道他们到底有多么讨厌自己的母亲而保持沉默或立刻走开。其实我做不到这一点，我也不会这样做。第二，我很容易便能看穿人们的小把戏，这些小把戏对我来说毫无作用。所以，当我反思第一堂架子鼓课程为什么会以失败告终时，我得出了结论：我故意将"学习在架子鼓上演奏曲子"这一目标的具体意义模糊化。我意识到这是在逃避责任，是我给了自己一个钻空子的机会：即使没有学会也没关系。

不过，身为一名社会心理学家至少有一个好处：我知道对自己来说最有效的方法是什么。我需要给成功一个具体的定义，我还需要一个决定性的时刻，在回顾时我可以说，那一刻便是我达成目标的标志性时刻。这意味着我需要有人听我打鼓，我需要听众，我需要知道有多少人会穿上印着我的头像的衣服。因此，我决定举办一场派对，邀请我的邻居们参加。我发出了邀请函，并说明了主要活动——我的架子鼓独奏，以此向大家宣告我的目标。这样一来，我就没有回头路了。

在邀请名单中，有些人我之前见过，但大多数都是陌生人。有些人告诉我他们听到过我在练习,但没有一个人说"听起来很棒";有些人和我没有丝毫联系,因此也没有必要为我考虑是否需要照顾我的情绪——让我自我感觉良好。我知道我有一位邻居是贝斯手,还是Deadhead(美国摇滚乐队 Grateful Dead 的粉丝统称)的一员。还有一位邻居把客厅的一大部分改造成一个演出空间,他会和朋友们在那里即兴演奏。另外还有一位邻居通过试唱加入了一个乐队,成为乐队主唱。他们在音乐方面是"好学生",因此我可以通过他们的评价来检验自己是否达成目标。

清楚定义成功、确定"审判日"的具体日期是非常行之有效的方法,因为这可以将原本模糊不清的地方具象化。世界游泳纪录保持者加里·霍尔便是这一经验的典型代表,将实现目标的具体计划视觉化帮助他取得了极高的成就。1969 年和 1970 年,霍尔被《游泳世界》评为年度游泳健将。在 1976 年蒙特利尔奥运会的开幕式上,霍尔被选为美国代表团的旗手,他是美国奥运史上第一位被选为旗手的游泳运动员。但在那之前,霍尔也不过是一个在泳池里抓着浮板练习的小孩:

> 16 岁时,我在为第一次参加奥运会接受训练,教练将我的目标练习时长写在每天练习都会用到的浮板上,让我无法逃避。正是由于坚持执行训练计划,我才能成功进入奥运代表团。

霍尔的浮板和艾伦的愿景板之间的区别在于具象化的对象。霍尔和教练并没有将金牌画出来——至少没有画在浮板上。他们将比赛时间及赛程耗时写下来,但最重要的是,霍尔和教练确定了实现目标的具体行动计划,并且将计划写在霍尔每天在泳池里都能看到的地方。

将行动计划具象化

当然,霍尔的卓越成绩不单单是依靠一块浮板和浮板上的防水文字。他反复地练习,并且有意识地执行精心拟订的计划,经常拿着浮板或将浮板放在视觉框架之内。制订完整计划的第二步:将行动计划具象化。如果想要尽早地实现真正的进步,我们不仅需要清楚地识别目标,还必须明确具体目标和实现目标的步骤。

我们有理由相信,从训练场泳池到奥运会泳池的跨越,需要霍尔清楚每一个步骤并做好准备工作。加利福尼亚大学洛杉矶分校的心理学家谢利·泰勒发现,是否将行动计划具象化是区分新手和专家的一大标准。[5] 20世纪90年代末,她与团队帮助了一群正在准备第一次期中考试的、压力很大的大学生。在期中考试的前一周,研究人员联系到每位学生,为他们提供具体的指导。研究人员认为,这些指导会影响学生的成绩。研究人员将学生随机分组,一部分学生得到的指导是:将行动计划具象化。为了获得理想的成绩,他们需要将自己备考的具体步骤具象化。而且,除了花时间复习课程资料以外,研究人员还告诉他们,回忆自己学习的样子并在脑海中记住这个画面也十分重要。研究人员鼓励他们想象自己坐在桌边或床边学习书本知识、复习上课笔记的样子。这些学生每天都会使用这一视觉技巧,直到考试。

另一组学生得到的指导是：将目标具象化，就像制作愿景板一样。他们在脑海中想象自己的目标达成后的场景，幻想自己拿到高分。研究人员要求他们想象自己站在写有期中考试成绩的玻璃展板前，屏住呼吸寻找自己的分数，最终发现自己拿到理想分数后喜不自胜、深感自豪的画面。他们会在考前的每一天使用这一视觉技巧。

考试前一晚，研究人员给学生们一一打电话，记录下他们的学习总时长，开始复习的时间，以及他们复习每个章节的次数和记课堂笔记的频率。

泰勒与同事发现，将行动计划具象化的学生收获最大。他们开始复习的时间更早，复习的时间更长。他们更愿意为达成考试目标而努力，这也帮助他们取得了好成绩。只是将目标具象化的学生的成绩远远低于班级平均水平。由此可见，具象化的对象是行动计划还是目标从结果上来看差异巨大，甚至决定了学生能否通过考试。即便所有学生都表示自己的学习动力高涨，但没有将行动具象化的学生并未真正行动。想象自己取得好成绩的画面激励了他们，却没有将他们的期望转化为实际行动。实现目标的学生却将行动具象化，将自己如何从当前位置到实现最终目标的具体行动计划一一列出。

这种方法同样适用于鼓励选民投票。据美国无党派组织响应性政治中心估算，2008年美国总统及国会选举总花费达53亿美元，是有史以来花费最高的一次选举活动。[6] 与以往一样，候选人希望这笔投入"物有所值"，希望选民能够积极参与投票。由于这是一场"赌注"极高的选举，社会学家托德·罗杰斯和行为科学家大卫·尼克尔森研究了美国人是否会遵循计划参加投票，以及促使他们去投票站的因素是什么。[7] 在 2008 年总统初选末期，他们追踪了近 30 万名宾夕法尼亚州的选民，并将这些选民分为 3 组。他们给第 1 组选民打电话，说了一番动员投票的话，提醒这些人选举已经开始，鼓励他们去投票，并问他们是否打算参加投票。研究人员对第 2 组选民也说了同样一番话，同时还鼓励他们谈论投票当天的具体计划是什么，提出的问题包括：（1）何时投票，（2）从哪里出发去投票，（3）投票前会做些什么。第 3 组选民并未收到电话。

研究人员分析公投记录后发现，未接到电话的选民参与投票的比例约为 43%；接到动员投票电话的选民投票率增加了 2 个百分点，约为 45%；将行动计划具象化的选民投票率与未接到电话的选民相比增加了 4 个百分点。这一数字令人震惊，与不给选民打电话相比，询问选民的投票计划令选民投票率增加了 4 个百分点。这 4 个百分点看似微不足道，但我们不妨回过头看看，在 2008 年的总统初选中，希拉里·克林顿和巴拉克·奥巴马所得票数比例之差还不足 1 个百分点。

预测失败

由此可见，如果想要实现我们在生活中设定的目标，除了将成功结果具象化，还需要将实现成功的步骤具象化。将实现成功的步骤具象化的确有诸多益处，但不一定每一步都是正确的。我们并不完全了解要做什么或者应该如何做，我们在实现目标的过程中可能会磕磕绊绊。将实现目标的步骤具象化时，我们必须接受自己有可能犯错的事实。制订完整计划的第三步：我们需要预测失败。

接受意外发生的可能性，甚至可以被称为接受失败，已经成为全球很多企业中企业文化的一部分。[8]总部位于印度孟买的跨国控股公司塔塔集团设置"勇于尝试奖"，用于奖励大胆创新但以失败告终的员工。在奖项设立以来的5年间，员工的创新申请是原来的7倍还多；爆款游戏"部落冲突"的开发公司超级细胞，每次游戏产品失败，公司便会开一瓶香槟"庆祝"；宝洁公司每年都会颁发"英勇失败奖"。葛瑞广告有限公司的纽约办公室也是如此。2010年，葛瑞广告有限公司为亿创理财公司设计了一支商业广告，广告中一个会讲话的婴儿称女演员林赛·罗韩为"牛奶狂"。林赛·罗韩因此将亿创理财公司告上法庭，索赔1亿美元，但是这支广告的创意团队的名字也因此被刻在了葛瑞广告有限公司的奖杯上。

这并非故作姿态，这些举措说明这些公司接受失败，并将失败作为成功战略的一部分。如果在企业文化中，消除了失败带来的羞耻感，这意味着员工和团队不仅被允许失败，而且能够快速从失败中学习。实现创新不仅需要了解哪些有用，同样也需要了解哪些没用。

Google X能够实现他人可望而不可即的成就的原因之一便是谷歌公司包容错误——即便是重大错误。Google X成立于2010年，是谷歌的秘密研发中心，率先实现了许多技术创新，例如自动驾驶汽车、可监测糖尿病的智能隐形眼镜等。在Google X，如果团队成员发现项目中存在致命错误，准备自行放弃这一项目并在全员会议上汇报这一情况，同级和上级都会欣然接受他们的错误。作为激励政策的一部分，这些主动放弃项目的团队会得到奖金，有些团队甚至还可以因此获得几个月的自由时间去思考下一个项目。实际上，Google X 曾在一年内否决了 100 多个投资过的项目，其中包括一个由 30 位员工投入两年时间做的项目。

塔塔集团、宝洁公司、葛瑞广告有限公司、Google X 的企业文化如此高效，并不是因为它们从一开始就打算失败，而是因为它们将失败正常化。这些公司承认失败的可能性，不会让员工因失败而羞愧，这样便能够让公司在失败前就制订好应急计划。当我们允许自己失败或能够接受他人失败时，便可以预测实现目标的过程中可能遇到的阻碍因素，先发制人地制订计划，直面问题。大家都知道，在我们已经身陷流沙，或正在躲避杀人蜂，或在加拿大落基山脉遇到灰熊时，再上网搜索逃跑方案就为时过晚了。追求目标也是一样。当我们发现自己资源匮乏、时间不够、没有进步、当下目标过于复杂后，再在一片手忙脚乱之中寻求解决方法并非理想的做法。换言之，当你已经深陷问题的泥沼时，就早已不是寻找救生工具的最佳时机。如果我们能够提前预测会在哪里出现问题，情况便会好很多。

以查理·芒格为例。你或许听过他的名字，知道他的故事，但你或许不知道，即使是对自己制订的最为周密的计划，他都会不断挑错。凭借这样的精神，他与巴菲特一起建立了伯克希尔·哈撒韦金融帝国。他还曾写过一本关于预测失败的书。

芒格没有读完大学。他原攻读数学专业，却发现自己对物理更感兴趣，没有拿到学位便退学了。二战爆发后，芒格作为一名气象工作者加入美国军队。离开军队后，他去学习法律，学习成绩十分优秀。尽管他之前没有完成本科学习，但他依然顺利进入哈佛大学法学院，最终以优异的成绩毕业。而他最大的成就并不是在科学界和法律界，而是在金融界，尽管芒格从来没有上过商科，也没有学习过经济学或会计学的课程。我们应该对他的朋友兼商业伙伴沃伦·巴菲特更加熟悉。巴菲特曾是全球首富，现在也仍是这一头衔的有力竞争者。芒格担任伯克希尔·哈撒韦的副董事长已经几十年了。2018年，伯克希尔·哈撒韦与苹果公司一同被《福布斯》评为"美国顶尖上市公司"。这一榜单的评估维度包括：营业收入、利润、资产和市值。过去30年间，在巴菲特和芒格的带领之下，伯克希尔·哈撒韦的股价上涨超过4 000%，比同一时期的标准普尔500指数的增速高出6倍，这还未将分红计算在内。

谈论巴菲特的文章数不胜数，想必我们都读过有关"捐赠誓言"的文章。这是由巴菲特发起的一项活动，旨在鼓励全球的亿万富翁在去世之前捐出自己至少一半的财产（他也正在逐步践行捐赠其99%的个人财产的承诺）。巴菲特住在美国内布拉斯加州奥马哈的一幢低调的农庄式房子里（巧的是，这里距离我长大的地方只有几千米远）。他每天早餐都吃麦当劳，价格还不及星巴克的一杯拿铁。他买下了当地一个濒临破产的冰激凌店，因为他喜欢带着来看望他的比尔·盖茨去那里。

但是鲜少有人关注查理·芒格。为什么呢？因为与巴菲特相比，他更愿意待在幕后。在公司的年度股东大会上，在巴菲特发言之后，芒格最经常的回答是：我没有什么要补充的。

但芒格在其他方面提出的建议却十分有价值。人们都想知道，没有接受过正规商业教育的他是如何积累了大量财富，并与巴菲特一同创立了全球最赚钱的公司之一的。芒格基本上是自学成才。他回忆说，自己在早年做律师时便决定开始投资自己。那时，芒格对客户的收费是每小时 20 美元。他每天留出一个小时的时间给自己，用来阅读各种书籍、材料。他说，这并未让他成为别人口中的天才，而是让他了解到自己需要学习的还有很多。在接受《华尔街日报》记者杰森·茨威格的采访时，芒格曾说："知道自己的知识盲区比变得聪明更加有用。"

芒格表示，在他的一生中，他从未想过要成为一个聪明人。他认为实现这个目标非常有挑战性，但实际意义相对较小。相反，他会努力找出自己想法中的缺陷。他说："我对人类的误判心理十分感兴趣，我也经常会误判，而且我每次误判都不是最后一次。我想，我关注误判心理的原因之一是我试图解决这个我在哈佛大学法学院毕业时没有解决的问题。"

在过去的几十年里，芒格从阅读的书籍、遇到的人、在市场中的所见所闻、自己的投资经历和他人的经验教训中积累了许多知识和智慧。他读过美国宪法制定和通过过程的历史记录，并借此了解美国的开国元勋是如何就现今的政治体系原则达成一致的；他对利润丰厚的炼油厂的首席执行官们所使用的沟通策略进行了分析；他研究过匿名戒酒者协会、飞行员训练和医学院的临床教学中使用的激励原则。他注意到人们的判断存在理性模式和非理性模式，不同的模式会影响人们在生活的各个方面的成功与失败。他在行为经济学成为一个学科之前便根据这些信息构建了行为经济学体系。

1995 年，芒格在哈佛大学发表了一场演讲，演讲大厅爆满。对于许多听众来说,这是他们距离这位金融天才最近的时刻。在演讲中,芒格第一次正式讲述他以往在为伯克希尔·哈撒韦做出重大决策时的心理活动。他会将所有事情简化成一个清单列表,并用这个清单来帮助自己预测失败。

芒格讲述了他是如何反复测试自己的初步计划的。他从各个角度对自己的计划进行思考和研究,寻找计划的弱点,分析在哪种情况下计划会失败。他清楚仅凭一己之力寻找计划的潜在弱点是靠不住的。为了客观评估,芒格总结了25种导致人类误判的原因,将其作为检验清单以评估他的计划。他解释道,当人们判断消息源的可信度时,否认心理会影响他们的判断能力。他发现,人们想要做事的驱动力反而会导致鲁莽决策,这些决策最终往往是错误的。同时,他表示,人们脑海中的关联联想,无法摆脱的过度乐观情绪,想要获得回报的需求也会影响人们的决策。

听众们沉迷其中,安安静静地坐了1个多小时,除了时不时被芒格演讲中的俏皮话逗得咯咯笑。演讲结束时,芒格请大家提问。第一位抢到麦克风的提问者问道:"您能否和我们分享那份清单呢?"芒格答道:"当然可以,我已经猜到会有男性对此感到好奇。"(我想他本来肯定是要加上"女性"的。)

在哈佛大学那场意义重大的演讲中,芒格正式阐明了自己从几十年的学习中积累的知识,不只那份清单。芒格在他合著的书《穷查理宝典》中将他总结的认知偏差浓缩成10条指南。[9]在芒格的职业生涯中,他在脑海中不断酝酿人类行为学理论体系,并将其转化为一个具体的产品——真实可见的东西。他将自己总结的一系列认知偏差具象化，编成一份清单，并据此评估自己的计划。

迈克尔·菲尔普斯是奥运史上获得奥运金牌最多的运动员——他也像芒格一样，是一个灾难预测者，他将预测失败作为日常生活的一部分。在 2008 年北京奥运会上，已经斩获 7 枚金牌的菲尔普斯，如果在接下来的 200 米蝶泳比赛中再获得一枚金牌，便会打破历史纪录，成为在单届奥运会上夺取金牌数量最多的选手。[10] 但是，从他潜入水中的那一刻起，他的泳镜便开始漏水。在距起点 150 米处，泳镜里已经积满了水，导致他什么都看不见了。但他并没有慌张，他早已为这类小意外做好充分准备，因为他一直以来都会模拟遇到各种阻碍的情况。他想过每一种导致失败的可能性，并且在大脑中勾勒了一幅生动具体的画面，想象自己的计划会在什么情况下出错，然后再根据具体情况确定解决方案。当时，他冷静地将注意力转移到数划臂次数上——他知道自己划多少下能够最高效地到达终点。通过不断想象成功过程中会遇到的困难，并提前思考解决困难的方法，他清楚地知道在奥运会上遇到困难时该如何应对，并为自己赢得了当届奥运会上的第 8 枚金牌。最终，他赢得的奖牌超过 15 枚。

将困难和解决方案具象化不只对精英运动员有益。科研人员发现，在日常生活中使用这一策略的人往往能够超出预期地实现目标。来自美国芝加哥大学与德国科隆大学的心理学家团队合作，收集了 110 个成年人的手机号，连续 7 天，每天给这 110 位成年人发 4 条消息。[11] 每一次收到消息，这些参与者都需要简单地记录自己当天想要做的事情。其中 1/3 是比较有趣的事情，例如阅读一本书；1/4 是关于学习和工作的；另外 1/4 是关于健康和健身的；其余是关于人际关系、理财、心理健康、能动性等其他目标的。有时，研究人员会问这些参与者在实现目标的过程中可能遇到哪些阻碍，以及他们如何克服那些阻碍。换言之，研究人员会敦促这些参与者预测可能遇到的阻碍，思考相应的解决方案。晚上，这些参与者会反思自己是否达成当天设定的目标。有时，参与者会将自己正在追求的目标列出来，但研究人员不会通过提示帮助他们规划实现目标的方法。

当目标很难达成时，相较于确立目标但没有任何规划的情况，提前思考可能遇到的挑战并寻求解决方案会将实现目标的速度提升50%。根据参与者的回答，当他们提前预测挑战并思考解决方案时，他们当天的心情会更好。将阻碍目标实现的因素具象化并思考解决方案不仅能够提升效率，还有助于改善情绪。

当我们能够提前预测失败时，大脑对事件的反应会全然不同，就像迈克尔·菲尔普斯所表现出的一样。德国康斯坦茨大学研究员英格·加洛研究了为什么当大家都想要克服恐惧并为克服恐惧而努力时，有些人能够克服，有些人却不能。[12]在这项研究中，她关注的是人们对蜘蛛的恐惧。研究人员向患有蜘蛛恐惧症的人展示一系列照片，照片中既有让人舒心的东西，比如看起来十分美味的食物、电话等常见物品，也有蜘蛛。一些参与者使用一种非常简单的策略去应对这些图片，他们不断提醒自己目标所在：我不会被吓到。另一组参与者则更进一步，他们不仅提醒自己，他们的目标是不被吓到，同时也承认达成这一目标确实有难度。于是他们采用的办法是：考虑好当他们真正看到那些让人害怕的图片时可以做的事情。他们的对策非常简单，就是忽略它。这看似是一个微乎其微的变化，但对结果的影响十分巨大。

提前预测挑战并准备好解决方案的参与者的体验并不糟糕。加洛用脑电图来帮助我们了解参与者观看图片时的大脑活动，主要观察参与者的视皮质（大脑中专门负责处理接收、传播视觉信息的部分）输出的电信号。研究发现，仅仅要求自己抑制对蜘蛛的恐惧的参与者，在看图片时的大脑活动与那些没有确立目标的人几乎没有差别。而那些将具体计划具象化并预测挑战的参与者在看到蜘蛛图片的0.1秒内，视皮质的活动幅度相对较低。换言之，准备好如何做出反应会引发参与者的选择性屏蔽，他们大脑中的视皮质做出的反应就像图片上没有蜘蛛，或者自己没有看到蜘蛛一样。因此，当他们看到蜘蛛时，便不会感到恐惧。

将目标、行动计划和可能出现的意外情况具象化也可以帮助人们避免在成功后被打回原形。美国明尼苏达大学研究型心理学家特拉奇·曼通过荟萃分析研究节食减肥在长期看来是否有效。[13] 她参考了十多份关于节食减肥的研究报告（20年以来的数据）并且思考：在达到目标体重的节食者中，有多少人在之后的5年间控制住了自己的体重。遗憾的是，在实现减肥目标的节食者中，有2/3的体重都反弹了。因此，她的结论是：通过节食减肥的人，之后往往更胖。

基于上文提及的具象化策略和激励机制，这一结论合情合理。实现减肥目标感觉像是一项重大成就，而且它的确也是。但是这一目标无法完全实现，因为保持理想体重需要持续不断的努力。正如保持健康的信用评级需要定期检查账单和财务状况，学习敲击一段稳定的节拍需要不断练习一样。缺乏练习导致我的鼓声非常不连贯，听起来就像飞机上坐在你身旁的那位快要睡着的男士发出的鼾声一样：断断续续、让人恼火。

"目标具象化三步走"可以帮助你在获得初步成功之后仍然保持进步。瑞士苏黎世大学的研究人员每周持续监控节食者的体重情况，他们发现，实现周目标的节食者会觉得他们理应得到奖赏，或者可以减轻第二周的减重压力。[14]因此，这些节食者的体重在前一周减下来，在第二周便会反弹。

但是，并非所有人的体重都会反弹。一些节食者使用了"目标具象化三步走"的方法：他们花时间去琢磨如何实现目标，如何克服减肥过程中需要面对的困难，以及如何征服这些挑战。通常情况下，这些人能够在减肥后的一周内保持体重稳定。

撤掉轮挡，准备起飞

二战期间，英国飞行员在起飞前会检查罗盘仪和测高仪是否已经准备好、襟翼是否放出、炸弹舱门是否关闭、油压是否在正常水平、内部通话系统和无线电通信是否可用，确保炸弹并未熔化、玻璃洁净、所有设备均正常等。忽略任何一件事的后果都不堪设想。只有在完成所有检查后，飞行员才可以发动引擎，向地面工作人员示意撤掉轮挡。撤掉轮挡之后，飞机滑入跑道。

就像英国飞行员在起飞前对飞机的例行检查一样，我们实现目标也需要多个步骤，这些步骤看似无关紧要，但实际对我们的健康、快乐、幸福有至关重要的影响。开始追求目标之前，通过自检确保已经为成功做好充分准备，对我们而言显然是有利的。

就我个人而言，预测失败是再自然不过的事情。当我参与重大项目或者进行人生重要规划时，我会习惯性地思考在什么情况下会出错。然后，我会花费比想象中更多的时间为应对这些困难做准备。借助这种天赋，如果你也认为这是天赋的话，去了解日常实践中的哪些方面会阻碍我实现目标是很容易的。还是以我学架子鼓这件事为例，我的阻碍在于工作会限制我的练习时间。此外，马修需要休息——这是我唯一可以利用的个人时间，这意味着我在闲来无事时也无法练习。而且与我一墙之隔的邻居，对我是否取得进步毫无兴趣。

在我需要抽出时间并找到隔音的空间练习打鼓的同时，彼得和我还需要解决另外几个难题：首先，我们都需要让耳朵从曼哈顿的装修噪音和汽笛声中获得短暂的休息；我们也希望马修在嗅花香时不会遇到纽约城的老鼠，这些老鼠"光顾"离我们最近的游乐场的频率和我们不相上下。此外，之前有一次去乡村时，我们问马修，农夫可以在花园种什么。他非常肯定地说："芝士！"我们又反复问了几次，他的答案让我们坚定了需要回归乡村的决心。

我们想到了一个一石二鸟的解决方法。我们可以回我们在康涅狄格州的家，然后定期往返于两地之间。我们计划周五晚上乘坐火车离开纽约，周日晚上再回来。在每一次匆忙的乡村之旅中，我们都会去附近农场看牛，向马修解释牛奶的来源和牛奶的其他应用。而我也可以利用到家后彼得和马修外出闲逛的时间练习架子鼓，完全不用担心邻居会敲墙提醒我让我安静一些。

  我尽最大努力将自己的目标具象化。邀请函被我贴在冰箱门上，不断提醒我自己设定的目标。将实现目标的具体步骤一一列出的同时，我也思考了潜在的阻碍因素——其中最主要的就是找到时间和空间进行练习，并想出对应的解决方案。这样一来，我离实现目标似乎越来越近：撤掉轮挡，准备起飞！

04

成为你自己的会计师

一天晚上，彼得为我准备了一场惊喜约会。通常情况下，他会告诉我约会的时间、地点、穿哪种类型的鞋子。那天晚上，我们打算去公寓附近的 Blue Note 爵士俱乐部欣赏麦考伊·泰纳和他的爵士乐队的演奏会。为了这次约会，我们第一次把马修托付给一位他不认识的保姆。那几个小时的自由时光十分美好。酒吧里观众爆满，我们在一架巨大钢琴的后面找到了一张桌子。在那里，我们正好可以看到泰纳弹奏复杂而又悦耳的音符的双手。泰纳的弹奏十分动听，但鼓手的出色表现更加吸引我们。

　　鼓手名叫弗朗西斯科·梅拉。他49岁，斜戴着一顶软毡帽，看起来是乐队中最年轻的一个。从他开始打鼓的那一刻起，外表便无关紧要了。他的激情带动了所有观众。他手速飞快，我们只能看到模糊的鼓槌和颤动的镲。这个极具感染力的鼓手知道自己该在台上做什么。

　　一曲结束后，我和彼得在后台找到了梅拉。这并不难，所谓后台其实就是洗手间旁的一片空地。我问他,刚开始学习打鼓时激励他坚持练习的动力是什么。他告诉我:"我是为了离开古巴,只有最优秀的鼓手才能出国,我必须成为最优秀的那个,必须。"

1968年,梅拉出生于古巴的巴亚莫城。粗略了解古巴的历史后你会发现,那个年代,那里的生活条件十分艰难。根据古巴的定量供给计划,当时每人每年仅允许购买两件衬衫、两双鞋子,每月仅允许购买1.4千克大米、20瓶脱水牛奶,每周仅允许购买0.3千克肉和88毫升咖啡,每天仅允许为每个孩子购买1升鲜牛奶。那时候的古巴,鸡肉也十分稀缺。此外,如果想买汽车轮胎,可能要等上1年,各种汽车零部件只能通过黑市购买。

美国发起的禁运对音乐家的打击也很大。为了报复,当时的古巴领导人卡斯特罗接管了美国在古巴境内的唱片公司。之后,RCA(美国广播唱片公司)拒绝向古巴音乐家支付演出酬金,也拒绝支付音乐家们已出版作品的版权费。倒戈的古巴音乐家被叫作"蠕虫",卡斯特罗政府禁播他们的音乐,并严禁任何人欣赏他们的音乐。这便是弗朗西斯科·梅拉长大的古巴。

梅拉决心成为顶尖鼓手,他通过大量练习实现了这一目标。机会一到,他便离开了古巴。他最初在墨西哥表演,后来搬到波士顿,在美国顶尖音乐院校之一伯克利音乐学院获得学位。学校看到了梅拉的努力和过人的天赋,让他留校任教。梅拉白天在学校教书,晚上在爵士酒吧表演。在这几年内,梅拉将现代爵士乐与家乡的传统音乐融合,形成了自己的音乐风格。不久,他发行了首张唱片,唱片被《乡村之声报》评选为年度最佳唱片。很快,他与世界知名萨克斯大师乔·洛瓦诺组建乐队，并录制了一张唱片，乐迷们称，这是洛瓦诺迄今为止最为创新的一次尝试。凭借这张唱片，他们的乐队获得了格莱美奖提名。[1]随后，爵士钢琴家麦考伊·泰纳将梅拉收入麾下。现在，梅拉是《爵士乐时代》评选出的当今爵士乐领域最重要的古巴鼓手之一。

梅拉没有可以依靠的家族企业，他的成功也并非出于运气，他没有出生在正确的时间、正确的地点，那时的古巴显然不是这样的地方。但梅拉还是成功了，他凭借大量的练习实现了伟大的成就。他曾面临政治和社会方面的不利因素，尽管那时的古巴禁止国民离开本土，但他仍然吸引了许多古巴以外的听众。为了成为古巴最棒的鼓手，他不断提升自己的技能。梅拉日复一日地用大量的时间练习独奏，与乐队成员一同排练，以及进行现场表演。

我不是古巴人，但是梅拉故事中的一些情节引起了我的强烈共鸣。如果几个月才练习一次打鼓，那么我永远不会成为一名摇滚音乐鼓手（或是糕点师、能够做出喝起来不像脏水的咖啡的家庭咖啡师，或是任何其他我想要成为的人）。梅拉的经历让我醍醐灌顶，明白了只有持续不断的努力才能帮助我获得成功。

我有自知之明，知道把架子鼓搬到康涅狄格州的家里（避免因噪音而遭到投诉）并不等同于自己会规划好练习日程，或养成练习打鼓的习惯。我发现自己坐在架子鼓前的频率并不高，我需要加倍努力。

当我意识到这一点时，恰好遇到了老友乔治·皮科利。他是一位事业有成的企业家和习惯养成大师，他在27岁时创立了线上画廊Americanflat，画廊精挑细选了来自全球200多位艺术家的作品，均可达到博物馆收藏水准，面向的顾客群体是准备对墙壁进行布置的"艺术爱好者，而非投资者"。该公司提供按需印刷艺术品的服务，不到 7 年，Americanflat 在各大洲（南极洲除外）的总销售额便达到 2 000 万美元。每笔交易的收入都会直接交给艺术家，以支持他们继续创作。

在我们聊天时，皮科利拿出手机，我在上面看到一些奇怪的东西——一个又一个的清单。他每天都会制作一张清单，在上面列出关于某事的 10 种方法或 10 个方面，主题不限，他已经坚持了将近 5 年。清单上的内容诸如：提升坐轮椅者飞行体验的 10 种方法、人们不喜欢相框的 10 个理由、种植罗勒属植物的 10 种方法。他与我分享了其中一个清单，上面列的是 10 个类似跨界经营合作的提议。例如：如果谷歌和亚马逊共同孵化一个项目会怎样；如果语言教学软件 Rosetta Stone 和私人旅行指南 Lonely Planet 合并会怎样；Instagram 和运动相机 GoPro 的合作能否颠覆视频直播行业等。

皮科利一边翻阅笔记，一边向我举例说明他是如何获得灵感的。"假如我们现在在 Rosemary's 餐厅，你想要一杯菜单上没有的迷迭香鸡尾酒。那么我所列的清单，将会是 10 种这家店可以加入菜单的含有迷迭香的菜品或饮品。"我问他，这些清单能否转化为营利性产品或成为新的企业创立的基础呢？他说："有一些会，但大多数不会。"皮科利表示，尽管这个习惯没有给他带来太多的经济收入，但锻炼了他的大脑。他通过列清单的方式思考有创造性的解决方案、开拓新思维。我打断他问道："你每天都会这样做吗？这么说来已经有 1 800 多个列表清单，那就是 18 000 多件事情了！"我十分震惊，一方面是因为他坚持了如此之久，另一方面是因为我空腹喝完一杯红酒后还能在大脑中完成这道数学题。我又继续问道："如果列表中的大部分事情都无法成为下一个举世震惊的创意，你还会把它们记录下来吗？"他说："当然，必须写下来。"

对他来说，写下列表清单显然是必做事项，但对于那时的我来说的确是可有可无。我不属于那种会制作待办事项清单的人。我曾经尝试过几次完成某个任务后就把它在待办事项清单上划掉，但这对我而言并无激励作用。我甚至把制作待办事项清单列入待办事项清单中，完成后也会将其划掉，但这对我毫无用处。撇开我这种令人感到困惑的方式不谈，将任务排序可以帮助很多人掌控局势，或许我在使用这种方法时错过了一些有价值的东西。

实际上，确实如此。

皮科利的每日清单让我想起唯一一件我曾坚持每天都做的事情（除了洗澡、刷牙、剔牙以外）：练习萨克斯。小学时，我几乎每天都会练习萨克斯。当时我是如何做到的呢？

我并没有绞尽脑汁地回忆，而是选择给我中学时期的乐队指挥助理鲍勃·帕特森打电话。我们已经 20 年没有联系——我知道具体时间是因为班级聚会计划委员会的公告会不断提醒我这个时间和我的年龄，他还会记得我吗？

答案是，他记得。我们的聊天瞬间把我拉入回忆。我们聊起乐队比赛，谈及我们多年无法战胜的对手，回忆起长途巡演时公共汽车里难闻的气味。过了一会，我问道，他是如何让孩子们养成每天坚持练习的习惯的，我们那时还是一群处于萌芽阶段的小小演奏家。他提起了当时要求我们每周填写并在音乐课上交的时间记录表，其中 1/4 是用于记录每天的练习时长的。我本以为这是我作为一名学生向老师展示我完成作业的证明，但他告诉我并非如此，这其实是给家长的作业。

在这个例子中，坚持手写早已过时的时间记录表体现了具象化的力量。通过每周的回顾，父母能够在将记录表交给老师之前确定自己孩子的练习时长，并在上面签字。通过这种视觉辅助工具，父母可以了解自己是否挤出时间监督孩子练习，挤出了多少时间，以及每日练习目标达成的情况。通过手写记录表的方式，父母可以通过视觉信息了解孩子的每周学习情况和目标达成情况，让他们不仅对乐队指挥负责，也对孩子负责、对自己负责。

我早已不再是一名高中生——脸上的皱纹便可说明这一点。但高中时，我的确是个相当不错的萨克斯手，老师为了增加我们的练习时间使用的策略便是我取得成功的一大原因——我决定模仿这一策略，同时辅以母亲在我小时候说服我做家务的策略。我每次腾出时间练习打鼓，便奖励自己一个贴纸。做出这个决定时，我刚好收到了慈善机构的年末募款信，于是借用了随信寄来的免费日历。如果我成功完成当日计划，就会在日历上贴一个贴纸。今天腾出一人块时间练习打鼓了！我真不错！奖励自己一个贴纸。

学校音乐老师用来激励乐器初学者的策略，我重新开始练习打鼓时所采取的贴纸奖励制度与日志、日记、清单、报告单等有一个共同之处。它们使所做之事变得具体和明显，并创造了随时提醒我们目标存在的具体形象。记录个人数据能够让我们对自己负责、对目标负责。我们可以通过具象化自身的进步成为自己的会计师。

数据统计自动化

即便是经济学家，有时也需要会计（至少是会计这种形式）的帮助。迈克·李在耶鲁大学获得了经济学学位。10 年后，他和未婚妻策划婚礼时，一致决定在沙滩上举办一场美好的庆典仪式，两人都觉得保持良好身材是婚礼圆满举办的必要条件。李找了一位教练，教练给了他一本书，书中列出了大约 3 000 种食物的营养价值，同时还给了他一小沓纸，要求他记下自己的每日食谱。这位教练或许借鉴了凯撒永久健康研究中心的一个团队的科学研究。[2] 医生为 1 700 位糖尿病和高血压的潜在患者和确诊患者提供饮食建议，要求他们的餐食中富含各种水果、蔬菜和低脂奶制品。参与者严格执行医生的指示，迫使自己每天至少花 30 分钟记录进食情况。6 个月后，平均每人减掉约 7 公斤体重，这已经相当成功了。在他们之中，详细记录自己每日进食情况的人减少的体重是其他人的两倍。对于李来说，查看食物营养价值并计算摄入的卡路里是件枯燥且不好操作的事情。他想出了一个更好的方法：开发一款能够自动在线监测卡路里的 App（应用程序）。这便是减肥宝的前身。

减肥宝使用目前最大的营养数据库，用户可在上面建立电子饮食日志。[3] 创立 9 周年时，减肥宝的注册用户已超 8 000 万人，他们共计减掉的体重超过 4 500 公斤。2015 年，美国运动用品公司安德玛以 4.75 亿美元收购了减肥宝。在接下来的 3 年里，减肥宝的会员数增至 1.5 亿人。安德玛称其为"全球最大的数字健康社区"。

据我所知，李和妻子举办了一场相当盛大的婚礼。

遗憾的是，我的贴纸奖励制度并未达到预期效果，就像我房间里的娃娃们杂乱的状态一样。而且我认为设计一个更加复杂的贴纸奖励制度（像减肥宝一样的）并不能解决根本问题。一个月过去了，我练习打鼓的次数并未因为贴纸奖励制度而增加。这些贴纸并未给我带来坚持练习的动力，实际上，我不知道自己的打鼓技能是否得到提升。我意识到提高练习打鼓的频率与效率的关键不仅限于将自己当天是否练习具象化，影响成功的关键因素还有很多——那么还需要做什么呢？

内森·德沃尔在将成功道路具象化方面做得十分出色。4岁时，他便开始接受第一场马拉松训练。他父亲计划参加那年年末在南达科他州苏福尔斯举办的一场马拉松比赛，德沃尔想要跟随父亲的脚步。父亲为他买了第一双跑鞋和一件印有单词"JOCK"的绿色T恤。他们一起跑步，每次跑四五千米，跑步时，他们会讨论生活和《芝麻街》的剧情。德沃尔小时候并没有参加过一场真正意义上的马拉松，但是他对马拉松的热爱始于那时。

初中时，德沃尔脱掉跑步鞋，穿上橄榄球钉鞋。和许多在内布拉斯加州长大的男孩子一样，他也梦想成为一名橄榄球运动员，像他叔叔一样能够参加全美大学生橄榄球联赛。在高中橄榄球队训练的几年里，德沃尔一直在朝着这个目标努力。但这个梦想很快便成了一场噩梦。在一场比赛中，德沃尔摔伤颈椎导致瘫痪，情况十分严重。有45分钟的时间，德沃尔的颈部以下没有任何知觉，更无法移动，他以为自己将会在轮椅上度过余生。

幸运的是，他恢复了。但在那之后，他放弃成为一名运动员的梦想，转而开始追求一个更具创造力的、更富有艺术性的、更需要智慧的目标。他加入了明尼苏达州圣奥拉夫学院合唱团，这是美国顶尖的无伴奏合唱团。他还攻读了博士学位，学习期间，他专注于论文发表。他的第一份工作是大学心理学教授，那时，他发表的论文比前辈的都要多。大家都认为，德沃尔正在开启新的职业发展道路。他生活的各个方面都一帆风顺，他所设定的每个目标最终都能实现。

有一天，为了支持妻子爱丽丝，德沃尔陪她去了一家减肥诊所。他与妻子坐在一个单间中，房间里还有一位护士、一个体重秤和一张表格。他开始思考自己的健康状况。护士说："德沃尔，你想要称一下体重吗？"他回答："当然！"他站在秤上，护士看了一眼数字，接着看了一眼表格，最后对德沃尔说道："嗯，你属于肥胖人群。"德沃尔反驳道："不会的，一定是因为我个子高。"护士问："你身高多少？"他回答："一米八七。"护士指向表格中他的身高数，然后又指向他的体重数，说道："你个子的确很高，但就你的身高而言，你还是超重了。"

在那之前，德沃尔从未想过自己属于肥胖人群，甚至从未想过自己的身材会走样。当他看到表格中自己所在的位置时，他着实一惊。他下定决心开始减肥，一个新目标由此确立。

他开始坚持锻炼，注意自己的饮食，并严格遵守"吃什么，写什么"的原则记录每日饮食。几个月后，爱丽丝说自己打算出去跑步，并邀请他一起。他以自己膝盖不适为由拒绝了爱丽丝的邀请。爱丽丝说他在找借口，并且说他膝盖一直都没问题，不可能偏偏那天出问题。于是德沃尔系好鞋带，加入爱丽丝的 3 000 米跑。跑到 3/4 时，爱丽丝转头问德沃尔："你怎么了？你的样子和声音就像快要一命呜呼了一样。"德沃尔充满自嘲地回答："借你吉言。"

但在一年内，德沃尔便可以轻轻松松地从家跑到加油站。在他选择新的生活方式后的一年内，他便在密苏里州参加了人生中第一场超长马拉松赛，赛程为 80 千米。他直言那并非易事。与常识相悖的是，他在那场比赛的训练中反而增重了 4.5 公斤。到达终点后，他低下头，发现自己的双脚又肿又胀，甚至都看不出脚踝了。如果只看腰部以下，他就像怀孕了一样。但是他仍然坚持跑步，并不断了解自己的身体，学习平衡卡路里的摄入和消耗情况。[4]

4 个月后，德沃尔参加了第一场 160 千米的马拉松比赛。不久之后，他又相继参加了两场马拉松。第一场他从马萨诸塞州莱克星顿市跑到肯塔基州的路易斯维尔，全程 121 千米。第二场他从北卡罗来纳州最北端跑到最南角，全程 608 千米。他还曾用 6 天的时间徒步横穿田纳西州，全程 505 千米，中间没有休息。我问他："德沃尔，没有休息具体是什么意思？"他解释道，前 24 个小时，他跑了 124 千米，躺在路边睡了两个小时，起来后又跑了 97 千米，然后，他找了一家旅馆，在床上睡了三个小时，离开旅馆后又继续跑了 80 千米。他说："你应该了解大概情况了吧。"我心想，不，我不了解。

我目瞪口呆地问道："那你怎么吃东西呢？"他说，只要控制好盐分即可。特别是在田纳西州，那里的湿度与热带雨林的温度几乎不相上下，出汗会导致跑步者盐分流失，而盐分又是保证肌肉正常运行的必需品。跑完前 30 千米左右，跑步者便会将之前从食物中摄取的卡路里耗尽。德沃尔说："Pop-Tarts饼干对我而言就像黄金一样珍贵，我爱Pop-Tarts。"另外，他还准备了佳得乐运动饮料、速食土豆泥、蜂蜜花生酱三明治、牛肉干、19听红牛等。基本上都是不符合青少年健康课堂标准的食物。

最让德沃尔骄傲的并不是这些他跑步过程中吃的食物，而是他在2017年春季取得的成绩——在3个月内完成了世界上最难的两场超长马拉松比赛。

2017年4月，德沃尔参加了撒哈拉沙漠马拉松，用6天的时间穿越了撒哈拉沙漠，那里正午的温度最高可达54摄氏度。撒哈拉沙漠马拉松全程约237千米（相当于5个半正常马拉松）。这种强度会导致跑步者的脚部肿胀，因此他们必须穿比自己的脚大很多的鞋子进行训练。高温、远距离和沙子的摩擦都会使鞋底的橡胶被磨损。德沃尔发现，如果每天告诉随行的医护人员自己肩膀痛，便可以多拿到一些医用胶带，这些胶带足以将鞋上的网眼封住，阻止沙子灌进鞋里。跑步时需要背着睡袋和所有食物，排泄在塑料袋里。沙漠里有蛇，跑步者为了应对被毒蛇或蝎子咬伤的情况要自带毒液泵。你知道在沙漠跑步的好处是什么吗？那就是不会被蚊子叮咬，因为沙漠温度很高，小型昆虫很难存活下来。

3个月后，德沃尔又飞到加利福尼亚州参加了恶水超级马拉松。恶水超级马拉松的起点在死亡谷，是北美洲海拔最低点和气温最高点，比赛开始时间为晚上9点30分。德沃尔把约47摄氏度的气温描述为"还不错"。他用48个小时完成了赛程的第一阶段，中间没有休息。他系着一条有反光条的腰带，以便路过的司机能够在半夜看到他。比赛需要翻越3座山脉，赛程约217千米，终点是海拔约2 500米的惠特尼峰。累计爬升约4 600米，下坡约1 830米。此次参赛者共196人，只有受邀者才能参加比赛。

德沃尔是如何适应这次大赛的呢？方法当然不止一种。他十分严格地执行计划——就像所有能够多次克服巨大困难的人一样。以我们聊天时他穿着的运动鞋为例：鞋子两侧用锐意记号笔写上了数字10。他说："我需要知道自己穿的是哪一双鞋子。我买了很多同款的鞋子，我的喜好很专一。"

作为科学家，德沃尔自然会被数字吸引。但是在同等水平的运动员中，并非只有他一人对数字感兴趣。德沃尔利用电子设备记录生活，他使用一个专门记录跑步路程的App——Strava。在没有比赛的日子里，他要求自己每天跑步70分钟，每周坚持6天，无论自己刚刚完成哪场比赛或将要参加哪场比赛。他告诉我："如果我一年的跑步路程不足3 200千米，我会非常难过。"今年已经过了3/4，他也已经跑了3 300千米。他强调道："有时我想，如果没有那些能够记录我的进步的图表，我怀疑自己是否能够正常生活。谁想要没有计划地活着呢？在一场大型比赛之前，我通常会回顾自己的训练日志，确保已经完成所有实现目标所需的准备工作。比如，在参加恶水超级马拉松之前，我看了自己在Strava中的数据，回想起自己曾有过5天参加5场马拉松比赛的经历。这些视觉资料帮助我巩固信心、实现目标，帮助我完成了世界上最困难的马拉松比赛。"

德沃尔十分擅长讲故事，他把比赛细节讲得十分生动。但他并不是完全依赖自己的记忆力，而是将自己的准备过程以视觉化的方式呈现出来，帮助自己振奋精神、面对挑战。他需要在关键时刻调用他的视觉记忆。

我的贴纸奖励制度与李开发健身App、德沃尔徒步穿越两个沙漠所使用的方法的区别便在于此。我们都收集了关于自己的数据，但重点在于，他们会不断回顾自己的"视觉日记"。他们会回顾自己的起点，以及目前所在的位置，并以真实的视觉化记忆来激励自己。他们将自己的行动具象化，以便他们更好地了解目标的进展情况。

将进步具象化也可以帮助我们发现自己的不足之处，创建一个详细记录饮食的日志并定期回顾，能够防止我们盲目进食或胡吃海喝。同样的道理，详细记录花销也能够防止我们过度消费。

根据《美国破产法》第七章，申请破产清算的美国人正在逐年递增。2007年，向法院提交文件申请清算以偿还债务的人不到50万；[5] 到2010年，这一数字已是那时的两倍有余。截至2018年9月，美国家庭债务共计13.51万亿美元，其中一个主要原因便是信用卡购物。[6] 同一时期内，在信用卡公司开通账户的美国人接近5亿，他们习惯使用信用卡购物。[7] 美联储发布的数据显示，信用卡持有者拖延至下月的未还款贷款金额——他们还不起的钱，平均高达9 333美元。[8]

35岁的卡丽·史密斯·尼科尔森曾是一家小型企业的会计，她有一段很励志的故事。有一天，她发现自己深陷于一场意料之外的财务困境之中，导致这一状况的部分原因是刷信用卡的便捷性。那时候的卡丽刚刚离婚，打算实现财务独立，但她发现自己需要用当时工资收入的1/3来还信用卡贷款和车贷。她说："这和我25岁时想象的生活不一样。"

在卡丽下定决心要实现财务独立后,她在接下来的 14 个月里彻底还清了 14 000 美元的贷款。她是如何做到的呢?她借助工具将支出具象化,这个工具是债务管理平台 ReadyForZero。ReadyForZero 会为用户创建一条时间线,向用户展示过往还款进度和逐渐趋零的未还款金额。据 ReadyForZero 显示,卡丽的信用评级一路从红色变为绿色。设立贷款清零计划并借助工具将进步可视化,帮助卡丽实现了许多人难以实现的目标。她利用自己的经验与知识创业,建立了一个在线社区,分享改善财务状况的方法。此外,她还为多家具有国际影响力的媒体、机构撰写文章,为客户提供建议,通过讲述自己的成功故事激励他人培养财务方面的意识和认知。

卡丽通过记录每日金钱流动,了解自己每月的支出情况,发现哪些支出是可以被控制的。这同样也适用于时间管理。你是否正深受拖延症或效率低下等问题的困扰?不妨试着记下自己每天的时间安排,坚持几天,你便会知道自己的时间都去哪儿了。

丹·艾瑞里是一位专门研究人类误判的行为经济学家。2014 年,他与一位科技行业的企业家和一位数据科学家合作开发了 Timeful。Timeful 通过人工智能帮助用户发现效率最高的时段,寻找碎片化时间,并为用户提供时间安排相关的建议。用户使用 Timeful 的频率越高,它在寻找浪费掉的时间方面就越智能。Timeful 上线一年后便被谷歌收购,谷歌将 Timeful 更名为"目标",作为一项功能整合到了自己的产品中。

在使用"目标"功能时,我们需要确立一个目标——例如:冥想、多喝水、写一本书,然后输入自己愿意为这一目标付出的时间,以及我们认为一天当中做这件事情的最佳时间。然后,算法会预测我们每天最可能做这件事情的时段,"目标"功能会基于这一算法自动为我们规划时间表,并将时间表加入在线日历当中。如果出现时间冲突,"目标"功能便会帮我们重新规划这一目标。之后,它会在我们做与达成目标相关的事情时询问我们情况如何,我们的回答会帮助它了解自己为用户规划的日程是否合理。例如,如果"目标"功能将目标任务规划在我们的娱乐时间内,而我们多次表示自己并不能充满活力地完成任务,那么下周它便会安排另一个碎片时间做这件事情。此外,"目标"功能也会详细记录目标的进展情况:点击窗口下方的圆形追踪器,我们就能够看到目标的每周完成情况。

"目标"功能能够帮助我们找出被浪费的时间,而且它能比我们自己更好地完成对时间的规划,原因有如下几点。第一,有些时候我们只会停留在抽象层面,但"目标"功能会帮我们将目标具象化。就像艾瑞里所说,我们总是会优先做已经安排好的事情,"以及所有在日历上规划好的短期目标"。[9]长期目标是无法一蹴而就的——减掉4.5公斤体重、攒钱还房贷、争取更多独处时间等,我们经常在完成详细具体的、已经安排好的事情之后才会去考虑长期目标。我们以为自己能够利用起床后到第一场会议开始前这段空闲时间锻炼身体,我们以为自己能够在晚饭后到睡觉前的这段时间核对银行账单,实际上并不会。相反,艾瑞里说:"那些你觉得自己会用来做点事情的空闲时间往往会花在那些具体可见的、已经被安排好的事情上。"将需要优先完成的长期目标具象化——把它们列在每日时间安排中,能够提高实现目标的可能性。

将时间规划"外包"给旁人这个方法似乎令人不快。我们喜欢掌控一切，相信自己比旁人或 App 更了解自己——认为自己知道如何最好地进行每日规划。但是在艾瑞里的研究中发现，将时间规划交给他人会让自己从中受益。[10] 他在麻省理工学院教学时发现，相比学生们自行决定论文上交的时间，为学生们规划好交论文的时间的情况下，学生们能够更加出色地完成论文。他为一组学生规定了论文上交期限，告诉他们 3 篇论文的具体上交时间，上交时间平均分配在整个学期当中。同时，他让另外一组学生自行规划论文上交时间，他们可以自由选择论文上交时间，只要在本学期的最后一堂课之前上交即可。尽管我们认为自己最了解自己的时间规划，但实际上，那些由老师规划好论文上交期限的学生提交的论文质量更高，平均分也要高出另外一组学生 3 个百分点，也就是 B 与 B+ 的差距，这对期末成绩的影响很大。自行规划论文上交时间的学生平均成绩为 C，由艾瑞里规划好论文上交时间的学生平均成绩为 B，后者比前者的平均成绩高出 9 个百分点。存在成绩差距的原因并非那些自行决定论文上交时间的学生将 3 篇论文的上交时间都定在最后一堂课之前的几天。实际上，在这组学生中，有 3/4 的人上交论文的时间分布在整个学期。造成成绩差距的真正原因在于论文上交时间的确定。成绩低的一组学生并没有将论文上交时间平均分布，也没有确定具体的论文上交时间——这正是艾瑞里认为的能够取得较好成绩的两大因素。尽管我们想要掌控自己的时间，认为自己能够更好地进行每日规划，但当我们成为自己的秘书时，却很难找到能够让自己好好完成目标的时间。

艾瑞里的研究也表明，我们以错误的方式浪费了宝贵的时间。在开发 Timeful 之前，艾瑞里进行过多次实验，以测试人们是否真的需要这样的 App。他发现，当我们自行规划日程表时通常无法实现对时间的高效利用。近八成参与者会在早晨的前两个小时做回复邮件、浏览社交媒体上的消息这类事情。但这段时间是我们一天当中最高效的时段，是精力与专注力的顶峰。

此外，我们普遍不擅长预估时间。我们自以为完成工作所需的时间总是比实际耗时要短。在一项研究中，一群业余厨师预测自己需要 24 分钟来准备开胃冷盘，里面有切好的水果蔬菜、手指三明治、芝士肉串、虾，但实际耗时往往比预计长 10 分钟以上。[11] 工作难度越大，预测偏差就越大。负责字典排版的工作人员在预测对单词定义中的部分内容加粗、加斜体所需的时间时，往往准确无误。但当工作难度加大，需要做 4 处改动，排版工作量为原来的两倍时，实际耗费的时间便是他们预计时间的两倍有余。当我们希望一个项目产生一个特定的结果时，我们预测项目耗时的能力便会更差。相比那些并未想过会得到退税的人，认为美国国税局会退税给自己的人认为自己会在一周内提交报税表。但结果证明，这些认为美国国税局有望退税给他们的人，实际提交文件的时间往往比自己预估的要晚两周，而那些不觉得自己会被退税的人，提交报税表的时间仅仅比认为美国国税局有望退税给他们的人晚几天。[12]

矛盾的是，在截止时间前完成目标的心理不仅会影响我们规划目标完成时间时的准确性，还会影响我们判断什么是对达成目标最有帮助的因素。加拿大滑铁卢大学的科学家在研究大学生为何存不下钱时印证了这一结论。[13] 在这项研究中，学生们确立了自己未来 4 个月的经济目标，并知道如果自己达成这一目标，研究人员便会给予他们金钱奖励。为了帮助学生们达成目标，研究人员还为他们提供了低价订阅每周资讯的服务，学生可以从每周资讯中获得他们各自的经济状况报告和一些省钱小妙招。这项服务是很有效的，收到这些资讯的学生实现存钱目标的可能性更高，学生们知道这一服务会对自己有帮助，他们也认为借助这个工具能够帮助同龄人更好地储蓄。但此项研究还得出了一个十分有趣的结论：很少有人愿意花几美元订阅这一服务。我理解大学生节俭的天性，我也做过9年的大学生。但订阅费是可以从他们参加研究的补贴中扣除的，而且与他们达成目标后所获得的奖金相比，这笔钱微不足道。如果他们订阅了这一服务，他们便会成为佼佼者。但是强烈的意图会令人产生错误的观念，误以为自己能够做出最优的规划，这种想法会阻碍我们利用一些能够帮助我们更好地进行规划的工具，即便我们知道这些工具十分有效。

我们应该如何避免这些错误观念，确保自己有效地进行每日规划呢？无论是否有"目标"功能的帮助，我们都可以通过行为科学家所谓的"拆解"，将一个大任务分割成多个小任务，让目标更加具体化。

让我们来看一个类似的案例。在戴眼镜或戴隐形眼镜矫正视力的人当中，有一半是因为远视。有些孩子早在学龄前便已经远视，他们无法聚焦于桌上的作业，而老师有时会把这错当成多动症或行为习惯问题。其实，只要给他们一副远视眼镜，这些孩子便会立刻坐好，集中注意力，认真听讲，成绩也会有所提升。戴上眼镜令他们眼前的事物变得清晰、明确，帮助他们成为出类拔萃的学生。

就像那些戴上远视眼镜的孩子一样，如果我们既确定了目标，又确定了实现目标的路径，成功的概率便会增加。我们必须清楚自己所在的位置与目标之间的细节问题。如果我们只关注未来，成功的可能性便会大打折扣。举个例子，嘴上说自己想要大学毕业、想要搬家、想要换工作是远远不够的。我们必须把这些长期的大目标分解成可管理的小目标，我们必须看清脚下和前方的路。如果想要戴上学位帽、获得毕业证，我们必须规划好每个学期的课程任务；如果想要举家搬迁到海岸的另一边，我们必须深入调查当地的学校、职业发展机会和居住环境。当我们将宏远的目标进行拆解后，便可以更好地面对困难，针对困难做出规划，找到正确的解决方案。当我们从微观层面追踪目标完成的进展、回顾自己的进步时，我们才能更好地对我们的目标负责。

05
目之所见，心之所想

摄影师们像热带地区围绕在切开的水果周围的苍蝇一样，在美国纽约现代艺术博物馆推出的展览"物品：时装是否当代？"的开幕式上争相拍摄衣着精美独特的观展者。观展者都衣着光鲜，他们瘦削的脸上戴着大框墨镜，宽松的毛衣下穿着亮片裙，头戴花朵头饰，夸张华丽的服饰吸引着摄影师们的镜头。这种搭配令人感到新奇和怪异，就像我决定在怀孕期间开始写这本书一样。策展人精挑细选了111件反映当代社会的时尚单品，展览中，布基尼[①]与Wonder Bra（全球著名的内衣品牌之一）位于同一区域，腰包与毛皮大衣被放在一起，皮裤与乐福鞋相互搭配。这些衣服的共同之处在于它们都曾颠覆文化、政治、身份、经济、科技、时尚，并且至今仍然十分流行。

正当我急切地想要逃避一次十分重要的练习时，我非常幸运地拿到了这场派对的门票，并邀请我的朋友卡莉一同前去。一直以来，她

[①] 布基尼是为穆斯林设计的女装泳衣，从头到脚都包裹得非常严实。——译者注

在穿衣打扮方面都胜过我百倍,那天晚上亦是如此。我们的目标是要找到一件艺术作品。我读过乔治娅·卢皮的书,知道她的作品会在这里展出,却不知道具体的展出形式或者艺术载体是什么。我们在展馆里四处摸索,就像寻找圣杯的印第安纳·琼斯[①]一样。两个手拿普罗塞克酒(之后喝光)的女人有条不紊地找遍了各个展区,看遍了每个标签上的署名。我们从头走到尾,然后原路返回,之后再从头走到尾,中间还询问了几个人。但是在这样的开放式酒吧和火热的社交场合中,没有人提供专业的导览服务。

当衣着光鲜的狂欢者逐渐减少、派对接近尾声之时,卡莉不想继续找了。我们离开展区,向博物馆出口走去。突然,一幅壁画出现在我们的眼前——卢皮的壁画!不是衣服,也不是手包,从未有高级的时装店设计过这样的作品。这是一个二维艺术作品,比其他时尚单品占用的空间大 100 倍。你可以想象一堵三层楼高的墙壁,上面有着肆意流畅的五线谱,五线谱上跳跃着各种极具艺术性的音符。这个作品与音乐、旋律毫无关联,五线谱上的 111 个音符并不代表音频或音长,而是代表展览中的 111 件服饰。在卢皮的作品中,这些时尚单品对历史及当代社会的影响都由一个音符表示。符头的颜色和符尾的大小分别表示对应服饰的起源和这件服饰对社会的影响。例如,在一个音乐小节中有一个红色的四分音符,这个红色音符并不代表乐曲旋律的转变,而是代表匡威 All Star 帆布鞋。我和卡莉在前几个展厅里看到,有一个模特的脚上便穿着这双帆布鞋。红色代表这款鞋子的颠覆

[①] 印第安纳·琼斯是系列电影《夺宝奇兵》的主角,他在《夺宝奇兵 3》中的任务是寻找传说中的圣杯。——译者注

性，音符位于整首曲子的中间部分，这代表它在时尚史中的诞生时间。整个乐谱从左到右展开，我注意到，代表头戴式耳机的是第 16 个音符，而代表希贾布（穆斯林妇女出门戴的头巾）的音符所在的位置远在其之前。有几个音符像蒲公英花蕊一样聚集在一起，一个代表红色口红，一个代表香奈儿 5 号香水，另一个则代表男人的领带。卢皮在这幅壁画的图注中说明了将这三者连在一起的主题：权力。每一件服饰都代表着一个社会故事。卢皮将这些元素提取出来，进行整合、量化、加工，然后以与现代艺术本身极其相似的缩略图的形式将其再次呈现。这幅精美的大型壁画本质上是一个信息图：通过数据实现可视化。

我第一次知道卢皮和她的搭档斯蒂芬妮·博萨维奇是通过另一个项目，这个项目虽然与这幅壁画完全不同，但也有令人震惊的效果——她们的日记，准确地说是她们合著的书《亲爱的数据》。[1] 卢皮是意大利人，定居在纽约；博萨维奇是美国人，定居在伦敦。她们在一场活动中相识，参加那场活动的有平面设计师、工程师，还有记者和科学家。初次见面的她们一拍即合，她们计划在接下来的时间里每天保持联系、不断监测、每周汇报。她们会在每周一确定本周想要进行量化的主题，例如，她们对陌生人微笑的次数，她们通过的门的种类，她们喝了什么东西、什么时候喝的、多久喝一次、和谁一起喝的，她们产生嫉妒情绪的频率及原因，她们给出的或收到的称赞，除了睡觉时间以外，她们每小时听到的周围的声音有哪些，她们大笑的次数，她们见到的城市里的动物……

每周都有不同主题。她们每天都谨慎地记录下与本周主题相关的实例，然后将结果汇总并与彼此分享。她们的分享不是通过电子表格或任何其他的数据形式，而是将结果手绘在一张明信片上，将她们的经历以迷你版康定斯基[①]的绘画形式表现出来，然后贴上邮票，邮寄给对方。

就像美国纽约现代艺术博物馆里的壁画一样，以数据形式表现自己一周的生活也十分复杂。创作者在每幅图旁都附上注释，用以解释每种不规则线条、色块、涂鸦和形状所代表的意义。卢皮了解到博萨维奇对丈夫产生爱意的次数比对他产生怒气的次数要多3倍。博萨维奇也了解到卢皮在散步时看到的狗比老鼠多得多，由于卢皮经常在纽约的各个地铁站等地铁，因此，这一数据令人震惊。除了日常生活中的各种细节，她们也了解到对方如何在更大的社会圈子中与人交往，如何处理自己的情绪，熟悉了彼此的行为习惯。这影响了她们感知世界的方式，也影响了世界看待她们的方式。转化成图画的数据细节让她们深入了解彼此。每个周末，她们都会按时完成自己的艺术作品，尽快写下对方的地址、贴上邮票，寄往海洋的另一边。

两个没有与对方签署正式协议的陌生人确定并实现了一个目标，这个目标需要双方在一整年的每一天都保持联系。遇到彼得之前，我一个人住在纽约，我承认那时我也会在酒吧遇到一些陌生人，就像最初的卢皮和博萨维奇之于彼此一样。但是，我所结识的这些人中的大多数连52分钟的承诺都做不到，因此，看到她们将这个艰难的项目坚持了52周，我十分震惊。有些比我都难打动的人也注意到了这个

[①] 全名瓦西里·康定斯基，俄国画家和美术理论家，抽象艺术的先驱。——译者注

惊人的成就。卢皮和博萨维奇将她们的项目汇编成《亲爱的数据》一书。这本书收录了她们写过的明信片和经验笔记，于2016年出版。同年，美国纽约现代艺术博物馆购买了全部106张原版明信片，并将其作为永久馆藏。

我想要进一步了解这个项目，因此我请卢皮通过视频聊天的方式解答我的疑惑。她坐在位于布鲁克林的家中，我坐在我位于曼哈顿的办公室里。我提出各种各样的问题，她的回答十分风趣幽默。她向我讲述了她与博萨维奇之间许多意料之外的共同点——她们都是独生子女，而且同岁，都为了追寻艺术梦想横跨大西洋。她表示随着时间的推移，两人的绘画风格开始变得相似。她向我讲述了自己是如何向学生们讲述《亲爱的数据》这一项目的，还讲述了中学生是如何用图画的方式记录生活中的数据并因此对数学课满怀期待的。这种热情很难解释，但成就了许多独角兽企业。由于丈夫的反抗和三场让她酩酊大醉的圣诞节派对而导致的"数据空白"也让她感到有趣。

我问出了让我最困惑的问题："卢皮，你和博萨维奇所做的事情对很多人来说都非常困难。你们确立了一个目标，并且坚持了一整年，在一年结束时，你们完成了目标。你们是如何做到的呢？有没有什么小技巧？"她思考了一会。我利用这段时间观察了她所在的房间，看到她身后和两侧的东西后，我便知道卢皮给出的答案不会令我满意。

以下便是我所看到的：卢皮的身后有一面玻璃墙，墙上贴着十几张便利贴。我想要偷偷摸摸地侦查，因此我斜眼打量着，让我的窥探行为尽可能隐蔽，以免被卢皮当作怪胎。我看到许多简报，都是一个接一个地整齐排列，从上到下、从左到右。那是一个记录卢皮工作进度的情节串联图板。下一刻我便想到，从她的视角会看到我背后的哪些东西。在我椅子后面的办公桌上有一大堆零散的文件，她肯定无法辨别这摞文件的起始页与结束页，也看不到文件下面的桌面。

我的怀疑是正确的。从她的回答来看，卢皮在实现这一重大目标的过程中没有什么困难。她丝毫不怀疑自己完成这个目标的能力。她不需要通过改变自己的生活方式去达成这个目标，她只需要每时每刻都想着这个目标，因为她需要随时记录自己经历的某些东西并将其画出来。

在我们第二次联系时，我问了她关于那个情节串联图板的事情。她解释道："我喜欢把自己对每个目标的最初想法记下来，随时看到它们可以提醒我目标的进展情况。"我告诉她，我认为这是一个绝佳的想法。把工作贴在每天都能看到的墙上，而不是将它们整理到文件柜中是一种非常直观的具象化方式。她笑着说道："其实只是因为我喜欢自己画的这些草图。"我毫不怀疑她这样做是出于美学目的，同时，我也相信，这种对她而言只是个人风格的习惯就是她成功的关键。情节串联图板是一种将责任具象化的形式，你可以随时看到正在进行的项目及其进展。卢皮习惯在自己的周围放满能够激发灵感和追踪进展的视觉图像。

我决定向博萨维奇请教经验，或许她的方法更适合我。她所画的明信片上有一些有错误的地方，还留下了涂抹痕迹。她划掉错误，并在画中留言，说她对于拼错单词有多地懊恼。她画的纵线并不直，这似乎是我的生活方式的隐喻。我想，她一定会懂我。

我给博萨维奇发了一封邮件，希望能和她一起讨论《亲爱的数据》一书。在邮件中，我向她详细说明了自己"一团糟的情况"，同时也表达了我对卢皮的情节串联图板的羡慕之情。博萨维奇和我相隔6个时区，而且还要照顾一个新生儿，但或许是我的自嘲打动了她，她回复了邮件，并安排了一次对话。刚开始，我问她在制订并执行一个计划时，在卢皮和我之间处于什么位置，（如果更偏向于我这一边）她是否曾借助工具帮助自己将完成这一目标具象化。她人很好，所以我确信她的答案比所有人的话都更能抚慰我，但是她说道："我起初肯定更偏向于你这边，但由于我与卢皮长时间交流，便向她那边偏移了一些（只是一些）。"我们的生活中都需要像卢皮一样的人。

不过，博萨维奇也提出了一个新的想法，其实这个想法一直萦绕在我的脑海中。她说，激励她每周坚持下去的动力其实是收到前一周卢皮寄来的明信片——明信片上贴着邮票，从纽约乘坐飞机漂洋过海，再由英国皇家邮政寄到伦敦的一所公寓，最后到达她家门口的地垫下面，"每个周末，明信片都会准时到达……"

门口地垫的作用远比我们想象的要大。视觉框架能够强调并引导我们将注意力转向至关重要的事情，我意识到门口地垫对博萨维奇完成目标起到了极大的激励作用。她家门口有鞋子、雨伞、钥匙和手提包，一张小小的明信片混在其中，很容易便会被忽略。但是门口地垫则会提醒她明信片的到来，迫使她去关注明信片和明信片所映射的目标。门口地垫激励她坚持下来。除了具象化工具以外，我们还可以运用视觉框架。这两者的关系就像马匹和马车、杵和臼一样，你可以只有一样，但是如果两样都有，便可以完成更多的目标。

视觉框架的力量

洛兰·奥格雷迪既不是邮局职员,也不是数据科学家,也并非因作为某人的笔友而闻名。不过,我相信她会是个很酷的笔友。她是一位成就显著的视觉艺术家,作品被美国纽约现代艺术博物馆、芝加哥艺术博物馆、洛杉矶艺术博物馆永久收藏。她在美国最重要的当代艺术博览会,于迈阿密海滩上举办的巴塞尔艺术展上曾做过个人展览。她被选入米兰三年展,也入选了 2010 年惠特尼双年展(当年入选的艺术家仅有 55 位)。

奥格雷迪取得的成就和荣誉是在她将曼哈顿北部作为艺术品套入画框之后。在 1983 年 9 月的非裔美国人日游行中,奥格雷迪准备了一个巨大的复古金边画框。在放置画框的平台上,奥格雷迪用涂料写了几个字:"ART IS……(艺术就是……)"。哈林区的街道上爵士乐时代的生锈的标牌、努比亚熟食店、蓝色的木制路障和曾经用于宣传旅馆出租的发光广告牌都被框在金边画框里。黑皮肤的孩子们和他们的父母、邻居也会在某一刻被框入这个巨大画框之中。本着赞扬和包容一切的精神,这个金边画框将它所经过的事物都框在其中,并贴上了艺术的标签。

那时奥格雷迪还没有意识到,这个金边画框改变了艺术界对缪斯的认知。这个名为"ART IS……"的艺术作品让人们开始关注当代艺术中种族不平等的问题。像哈林区这样的贫困地区在当时不配谈论艺术,在博物馆里出现的不会是这些衣着简朴的、坐在街边看游行队伍经过的普通人——这些没能住在白人社区的人。在回忆起这个艺术作品时,奥格雷迪说道："我觉得那时的自己并不清楚框架和相机的力量。"

但是，框架的力量十分强大。你可以问问即将迎来一月第一个工作日的焦虑的国会议员。你以为在一年的开头让他们焦虑的是随着新年到来将要到期的法案或是纳税日期的逼近。实际上并非如此，最让他们焦虑的是座位表。

每年国会开始前，议员们都会争取会议厅里的最佳座位。他们会在慎重思考后制定战略，争取自己想要的位置。每一个座位都有独一无二的编号和历史记录。在座位的抽屉中，你可以找到20世纪初以来曾坐在这个位置上的人的名字。有的名字是用马克笔写的，有的是用钢笔写的，有的是用回形针刻在木头上的，比如共和党参议员拉马尔·亚历山大。

一些参议员根据历史选择座位。缅因州的共和党参议员苏珊·科林斯想要玛格丽特·蔡斯·史密斯之前的座位，因为在玛格丽特在职的大部分时期内，她是参议院里唯一的女性。

有些人则根据是否有零食选择座位。[2] 议员们被禁止在会议厅内吃东西。但是，第24号座位一直都存放着巧克力和糖果，议员们可在离开时随意自取。加利福尼亚州的民主党议员乔治·墨菲在50年前开创了这一传统。

但在通常情况下，议员们根据视野选择座位。[3] 这里并非指他们自己的视野，而是指他们是否在别人的视野之内。奥林·哈奇是史上任期最长的民主党议员，他继承了选择任意座位的权利。他选择的座位一般是多数党领袖身后靠近过道的、引人注意的位置。

奥林·哈奇说："我总是争取坐在靠近过道的位置，这样是为了让别人认识我。在情况比较棘手时,是否认识彼此就是决定胜负的关键。"

就像董事会会议桌上的高管、教室里积极的同学、艺术家奥格雷迪一样,哈奇也意识到了视觉框架内的东西至关重要。在百老汇剧院中,最糟糕的座位是最后一排角落的两个位置。位于媒体采访区的记者只有站起来朝围栏处看,才能看到资历最低的议员,这些议员的政治生涯也往往在那里结束。最好的座位也并非前排的中间座位,而是会议主席(有权决定哪位议员发言的人)的目之所及之处。政治"位置"与我们在城市或者郊区选择的第一个居所一样,位置至关重要。议员的座位决定了自己是否在关键人物的视觉框架之内,这其实就是框架内与框架外的区别。

同样的道理,无论是奥格雷迪艺术作品外的金边画框,还是公寓门口下面放着明信片的地垫,在视觉框架内的事物才是引发改变的关键。我们通过视觉框架观察周围的世界,认为框架内的事物至关重要,框架外的事物无关紧要。多数党领袖视觉框架范围内的人会得到认可、获得发言权。艺术家在画框内创作的作品会被社会好评、得到赞助。框架强调重要的信息、弱化框架外的其他信息,框架塑造我们对重要事物的认知,推动我们前进。

视觉盲点

每个人都会拥有一种与生俱来的视觉框架,它会让我们对周围的某些事物视而不见，这是我们与生俱来的。在解剖课上我们学到，眼球壁的内层是视网膜，视网膜对于进入眼睛的光源十分敏感。视网膜上有一个小点，通过这个小点，视网膜与视神经相连，视神经是眼睛向大脑输送信息的管道。这个小点上缺乏感知光源的细胞，没有这些细胞，进入视网膜的信息便会丢失。这便是视觉盲点，我们每只眼睛上各有一个。

你可以通过以下练习找到自己的视觉盲点。

下方有一个 X 和一个圆点。把这一页举起来，让你的鼻子贴近这两个符号之间。闭上左眼，将右眼聚焦于 X，同时也要关注右侧的圆点（让自己不直接看圆点或许比较困难，但请尽量将右眼聚焦于 X）。然后，将这页拉近再拉远。在某一刻，圆点会消失不见，因为它进入了你的视觉盲区。

X　　　　　　　　　　　　•

视觉盲点几乎不会影响我们的日常生活，因为大脑会费尽心思地将其隐藏起来。即便我们并未有意这样去做，我们的眼睛也会下意识地每秒转动好几次，将周围的环境尽收眼底，然后大脑会将眼睛看到的各个有细微差别的部分编织在一起。

尽管我们的身体已经能够自动改变视觉框架，我们仍然可以控制自己的视觉框架。所见会影响所为，因此，我们可以学着借助视觉框架改变自己的行为。[4] 当我们和婴儿打招呼时，音调会变高；当我们发现邻居的电费账单比自己少时，便会关掉灯、调高空调度数；看到强棒①阿隆·贾奇在他的新秀赛季又击出一发全垒打时，我们的欢呼会更加热烈；看到波士顿红袜队的外野手穆奇·贝茨把球打出棒球场时，我们的呼声则会更加低落——前提是我们支持的是其死敌纽约洋基队。周围的人或物所带来的视觉体验会直接影响我们的行为。

实际上，眼睛和大脑会将所见和所为进行匹配。左脑和右脑均有神经连接——科学家称其为视觉背侧通路，背侧通路的作用是快速将视觉信息转化成身体其他部位的运动。视觉体验会一直传往初级视皮质。在这里，大脑会记录我们眼前所有的碎片信息，例如桌子的尖角、椅子的圆形扶手，并将其勾勒成一幅详细的图画。最重要的是，大脑也会记录每个微小的物件相较于别人，以及相较于自己的位置。例如，大脑会注意到：尖锐的桌角就在旁边，圆角在右边。大脑会在1/100秒内将这一信息传至顶叶，之后传往运动皮质。顶叶是大脑皮质中的四大区域之一，其作用是整合从各个感官收集到的信息，它也是大脑中最能理解我们所接触到的信息的部分。运动皮质帮助我们移动四肢，也就是说我们通过眼睛看到的东西会立刻传递至大脑中负责移动胳膊、手和腿的部分，从而帮助我们避免碰到尖锐的桌角，让我们调整坐姿，坐在更加舒适的位置。

1909 年，匈牙利内科医生莱奈·巴林特讲述了一个十分有趣的案例。一位男士患有共济失调症，他的问题出在背侧通路上。[5]假如背侧通路是一条火车轨道，这位病人的背侧通路就像地震后被切断的铁

---

① 强棒，棒球用语，指队伍中的王牌球手。——编者注

轨一样。这位病人告诉巴林特，他自己的右手不听使唤。他点烟时总是点到烟的中间而非尾端，奇怪的是他的左手却可以准确地做到。在尝试切牛排时，他的左手可以拿着叉子精准地插到牛排，但是拿刀的右手却无法准确地切到盘子里的牛排，他低下头会看到刀子切在了盘子的边缘。更奇怪的是，他的右手从外观上看没有任何问题。闭上眼睛后，他能够根据医生的指示用右手触碰到身体的各个部位。种种迹象表明，这位病人的肌肉或肢体移动没有任何问题，问题出在眼睛和大脑的配合上。

如果我们足够幸运，拥有健康的视觉系统，并且神经连接正常，那么我们看到的东西便能够很好地决定我们的行为，这便是所谓的自动节律性。[6]它会对我们周密的计划构成挑战，同时也能够激励我们。我们的某些行为是由视觉框架内的提示或暗示激发而形成的，有时是有意识的，有时是无意识的。当这些行为与我们希望自己所做的选择背道而驰或与我们追求的目标恰好相反时，我们的计划便会以失败告终。例如，当我们和妈妈一起外出吃饭时，看着桌子对面那个多年来要求我们必须光盘的人，或许会导致我们过度饮食，吃掉我们本来想留下来等明天午饭再吃的那部分食物；路过一个躲在角落里点烟的人或许会让正在戒烟的人跃跃欲试；信息提示灯的闪烁也许会让刚躺到床上的我们再次拿起手机，即便我们正在尽量减少这种网络成瘾的行为；当我们看到其他父母在少年棒球联盟比赛的球场边对孩子大喊大叫，强硬地逼迫孩子时，我们也不免会这样做；下班后看到同事走进酒吧，或许会让我们也做出相同的行为，即便我们知道自己不能再喝了。由此可见，视觉框架会影响我们的所见所闻，从而直接影响我们的所作所为。

这让我联想到沃尔玛的传奇故事。2008 年,经济危机令美国经济遭受重创。在 2009 年元旦之前,由于房屋被拍卖而无家可归的人近 100 万,失业人数超 250 万。这次危机导致大多数美国人入不敷出,而在此之前,很少有人有过这种经历。美国道琼斯指数在一年半内连续下跌幅度达 50% 左右。在这次经济危机中,工人阶级受创最为严重,但美国最大的零售商沃尔玛的估值却创下历史新高。实际上,沃尔玛是 2008 年美国道琼斯指数中仅有的两只股价上涨股票之一。尽管美国的人均收入减少了大约 1/3,但他们在沃尔玛的消费金额却在增加,这是为什么呢?

原因就是:杂乱无章。

沃尔玛通常会故意将几大箱产品(洗洁精或打折的紧身裤)放在通道中间,它们的存在就像购物过程中的减速带一样。而且,沃尔玛故意在货架上堆满商品:在果汁区堆满果汁,在糖果区堆满玉米糖,甚至曾一度在家居用品区堆放熏肉味的枕头。沃尔玛的策略一直是在货架上堆满商品,购买者在看到这些商品时才会觉得自己需要它们(买完之后他们通常会想这些要用来干什么——如果我自己的经验具有普遍性的话,他们应该也是这样)。这种陈列方式制造出杂乱无章的视觉效果,即便是十分精明的、爱占便宜的消费者也会受到诱惑。

沃尔玛曾经短暂地尝试过为消费者制造精简的视觉体验——减少商品数量、减少货架数量、减少产品种类。[7] 不出所料地,消费者表示购物体验有所提升,购物环境对他们的眼睛更加友好。但是撤掉大型货架、削减存货的策略导致消费者的购买量下降。因此，沃尔玛又恢复了原貌，增加货架和存货，将商品一路堆到店铺的尽头。一家零售营销咨询公司的高级副总裁本·迪桑蒂解释道："只要有诱惑物，便会带来额外的销售量。"

诱惑物不仅会影响我们的财务状况，也会影响我们的腰围。研究人员对居住在匹兹堡"食品荒漠"（很难轻松买到新鲜蔬果和其他健康食物的地方）的大约1 000位居民进行调查。[8] 参与者同意研究人员记录他们的身高、体重，同时还向研究人员提供了他们常去购物的商店。之后，研究人员调查了参与者提到的所有商店。他们特别关注了商店过道终端的陈列、特殊货架的陈列和收银台附近的陈列，并记录了这些食物中是否有含糖饮料、糖果，是否有高油、高脂、高糖的零食，是否有全麦食品和生鲜。研究人员发现，这个地区的居民每个月在食品杂货店内看到含糖饮料的频率约十四五次，看到含糖饮料减价的频率超过4次。另外，他们看到高脂、高糖食物的次数为28次。这些摆在显眼位置的食物影响了这一地区消费者的健康水平。数据分析结果显示，参与者在过道附近看到含糖饮料的频率越高，身体质量指数[①]就越高。平均每周进店次数超过3次的消费者，因看到这些放置在显眼位置的不健康食物而增加的体重为每月1.1公斤左右。

当然，企业对迪桑蒂的观点也心照不宣，因此，企业利用货架陈列将想要售卖的产品框入其中，即使这些产品不利于消费者的身体

---

① 身体质量指数，又称BMI指数，是衡量人体胖瘦程度和人体是否健康的一个标准，计算公式如下：BMI = 体重（千克）除以身高（米）的平方。通常情况下，BMI超过28则代表是肥胖人群。——译者注

健康。这也是 2011 年美国烟草行业向零售商支付 70 亿美元（占其广告预算的 80% 以上），希望零售商将他们的产品摆放在店内人流量最大的区域（靠近收银台、与视线持平的地方）的原因。[9]这一产品陈列策略同样也适用于碳酸饮料公司。研究人员对一家位于英格兰北部的大型超市进行了为期一年的调研，结果发现，将苏打水陈列在过道口，就能使其年销售额提升 50% 以上，这足以和"买三送一"的促销效果相提并论。[10]

监管人员对此也一清二楚，一些政府已经采取了相应的措施。2009 年，澳大利亚多数州禁止商店在收银台处陈列香烟。这项法案实施后，澳大利亚青少年的吸烟率便开始下降。之前从未吸过烟的 12～24 岁的青年成为吸烟者的概率也下降了 27%。[11]

视觉环境对健康的影响

视觉框架对选择的影响并非都是负面的。我们的视觉环境（视觉框架以内和以外的事物）也会敦促我们做出有益于身心健康的决策。

2010 年，安妮·桑代克及其研究伙伴将美国麻省总医院的餐厅变成了实验场地，用于研究"视觉框架如何影响人们的午餐选择"。[12]研究的第一阶段是秘密进行的。在未将研究项目公布的前 3 个月里，餐厅的收银台已经开始识别并记录人们购买的食物类型。然后，研究人员用不同颜色的标签标记食物：水果、蔬菜、瘦肉蛋白等贴有绿色标签的食物最为健康，贴有黄色标签的食物比较健康，贴有红色标签的食物营养价值较低或不具备营养价值。几个月后，研究人员重新调整了餐厅的货架陈列。研究人员将贴有绿色标签的食物移到了与购买者视线平行的高度，将贴有黄色标签的食物和贴有红色标签的食物分别移到了货架上不易被人看到的较高或较低的位置。

在货架陈列调整后的两年间，研究团队分析了人们的购买行为，得出的结论令人震惊。整体来说，相较于秘密进行的第一阶段，购买贴有绿色标签的食物的人数增长了12%。此外，购买贴有红色标签的食物的人数下降了20%。销量下降最多的是含糖饮料，购买这些不健康饮料的人数下降了39%。将贴有黄色标签的食物和贴有红色标签的食物放到不太容易看到的地方为人们提供了视觉上的警示，促使他们减少购买此类食物。

谷歌的案例用一种稍有不同的方式得出了与以上实验相同的结论。不久之前，谷歌遇到了一个大问题。在员工人数增加的同时，员工的腰围也在不断增长。谷歌员工能够享受各种福利，最让人津津乐道的当属公司的免费食物。谷歌有自己的流动餐车团队，能够做出各种美味食物，例如，布拉塔核果沙拉、莳萝酱烟熏三文鱼馕饼等。[13] 公司的内部食堂也会提供各种餐食，例如，帕马森干酪香煎扇贝、墨鱼汁饭、舞菇和香蕉芝士蛋糕。三餐之间的小吃分量很足，完全可以说是"第四餐"。在谷歌位于纽约的办公室中，每层都有零食站，里面有各种零食：M&M巧克力豆、坚果、饼干、燕麦棒、薯片、椒盐卷饼、啤酒等。对于谷歌的员工而言，喝一杯水并不代表没有卡路里的摄入，因为在他们去喝水时总是会不可避免地顺便选择一些甜味或咸味的零食。

问题是这些零食和饮料太诱人了，部分原因在于它们总是出现在员工们的视觉框架之内。为此，谷歌尝试通过改变员工视觉框架内的东西来减少不健康食物的诱惑。在纽约办公室的零食站里，行政人员在与视线平行的位置放满瓶装水，同时将含糖碳酸饮料放到冰箱底层或磨砂玻璃后面。[14] 通过对比两种陈列方式的补货需求，行政人员表示，与之前相比，员工喝瓶装水的概率增加了50%，喝含糖碳酸饮料的员工人数有所下降。

此外，行政人员将不健康零食放到了员工的视觉框架以外的地方。他们将巧克力存放在不透明容器中，将无花果干、开心果等更加健康的食物存放在透明玻璃罐里。在接下来7周的时间里，仅仅是谷歌纽约办公室的员工从 M&M 巧克力豆中获取的热量便减少了310万卡路里。谷歌通过将诱惑物放在视觉框架以外的地方切断了注意力与行动之间的联系。

视觉框架会鼓励人们做出更加健康的选择，这一点不仅适用于谷歌和科技行业。在美国的费城和威尔明顿等地，研究人员、非营利性健康机构从业者、超市经理等共同呼吁低收入社区的消费者（他们所在公司往往不提供餐食）购买更加健康的食物。[15] 这些发起倡议的人通过头脑风暴营造出一个能够帮助低收入的消费者做出健康选择并且推动瓶装水销售的视觉环境。他们利用两种营销技巧为消费者塑造视觉环境：交叉推广和主要位置陈列。在酒水饮料区，店铺员工将瓶装水堆叠摆放；在结账通道口的冷藏柜里，瓶装水被摆放在方便消费者看到和拿到的地方；而碳酸饮料则被移至不易被看到的位置上。

为了了解瓶装水的陈列位置变化是否会对消费者的选择造成影

响,研究团队需要找到一组门店进行销量对比。他们选择了在同一街区、面向同一消费者群体的商店。在一些店铺内,研究人员并未给予经营者任何关于瓶装水陈列的特别指示。经营者仍然沿用自己一贯使用的、消费者早已习惯的陈列方式。

在研究人员的要求下,经营者对瓶装水的销量进行了记录。在他们记录期间,那些沿用之前的陈列方式在货架和冷柜里陈列瓶装水的商店,瓶装水销量下降了17%。相比之下,将瓶装水放在消费者视觉框架内的商店,瓶装水销量则增加了10%。另一项针对超市农产品销量的研究也得出了相似的结论。[16]当经营者将水果陈列在收银台附近时,水果销量会增加70%。水果出现在消费者的视觉框架内,消费者便会购买,反之则不买。

迈克尔·布隆伯格在世界富豪榜中排名第11位,净资产超过500亿美元,他已经承诺将净资产的一半捐给我前文中所提到的沃伦·巴菲特的捐赠计划。他创立了一家全球金融服务及大众媒体软件公司,并以自己的名字命名①。布隆伯格在商界和政界的经历都十分传奇,他曾三度出任纽约市市长,在担任市长期间,他关注公共健康,通过改革法案尽量提升纽约市民的预期寿命。他针对纽约所有在纽约或全美拥有15家以上门店的餐厅(无论门店规模大小)颁布了一项法案。法案要求,菜单上必须标注每道菜的卡路里值,且与菜品标价一样醒目。虽然麦当劳、星巴克等餐厅早已在官网、用餐区的海报和托盘衬

---

① 布隆伯格的同名公司 Bloomberg,因翻译问题被译为"彭博"。——译者注

垫上标明卡路里信息，但是，法案要求卡路里值必须与标价同样醒目。布隆伯格表示，如果人们能够清楚地看到卡路里值，便会做出不同的选择。

布隆伯格不仅努力提高有助于消费者做出健康选择的信息的可见度，他还致力于减少其他有害影响。他禁止市民在餐厅、酒吧、公园、广场和沙滩上抽烟。成功推行这些措施后，他又要求纽约市议会采取措施，禁止在店内陈列香烟。布隆伯格的目的是让香烟远离消费者的视线，除成年人在购买香烟时或补货期间外，香烟应该被存放在柜子里、抽屉里、收银台下面或窗帘后面。尽管纽约最终并未推行限制香烟陈列的措施，但布隆伯格仍然想要推动商家减少香烟对消费者的诱惑。他表示："不要让它看起来像正常的商品，香烟本身就不是正常的商品。"

布隆伯格推行这些措施的基本逻辑是：视觉框架内的东西会刺激我们做出选择，即便我们本意并非如此。这一结论也得到了许多研究的支持。一项研究对近3 000名吸烟者、戒烟成功者及正在戒烟者进行了调查，其中1/4的人表示自己是因为在收银台看到香烟而冲动购买的，他们原本并不是去买烟的。[17]正在戒烟的人当中，1/5的人表示他们不会再去自己经常买烟的商店，因为他们知道自己只要进去就一定会买烟。

我们无法改变经营者在收银台旁边陈列的商品，也无法决定陈列在冷柜里的碳酸饮料或收银台上的香烟是否在我们的视觉框架之内。但只要我们意识到这一点，便可以减少视觉环境对行为的影响。当我们意识到视觉框架内的东西会影响我们的财务状况和身心健康时，我们便可以自行控制看到事物时产生的反应。

现在，我们已经知道了视觉框架内的事物是如何影响决策的，便可以有意识地对家里、办公室和我们常待的地方进行布置，让自己做出更好的选择。目中所见会影响我们的行为，我们应该更加谨慎地筛选自己在居住空间内看到的事物。我们当然需要拟订计划、确定目标，但同时也要采取行动、逐步实现目标。

心理学家温迪·伍德发现了视觉框架内的事物的力量。[18]她把视觉框架内引发我们行动的事物称为"视觉刺激物"。伍德研究了一群学生，这些学生认为健康的生活方式至关重要，但由于刚刚离开家开始大学生活，他们不知道应该如何更好地适应新环境。他们的问题包括：选择哪条晨跑线路最安全？哪个健身房最干净？学校食堂有没有健康的食物？尽管新环境会带来新需求，但是相较于那些没有找到熟悉的视觉信息来激发自己旧习惯的同学，那些发现新环境与旧环境有相似视觉信息（相似视觉刺激物）的同学能够更好地保持自己的锻炼习惯。

视觉刺激物的作用在大脑中的体现尤为明显。多巴胺是大脑神经细胞释放的一种神经递质，当我们做自己喜欢的事情（吃美味食物、性交、玩电子游戏）时，大脑便会分泌多巴胺。研究人员在研究多巴胺时，通常会以猴子为实验对象。这对猴子来说并非坏事，因为它们可以借机做一些让自己开心的事情，比如喝果汁。研究人员知道，猴子在喝果汁时大脑会分泌大量多巴胺。[19]猴子知道，只要按下控制杆，便可以喝到一口果汁。当猴子进入果汁吧时，会亮起红灯（尽管刚开始这个细节看起来微不足道），红灯没有改变任何事情。猴子仍然需要按下控制杆才能喝到果汁。但是时间一长，猴子便会忽略中介物，直接将红灯与喝果汁联系起来。研究人员发现，只要把猴子放到一个有红灯照射的房间，即便不喝果汁，它们也会大量分泌多巴胺。对于猴子来说，红灯就是视觉刺激物，会刺激它们的大脑回路并对此做出反应，这就像一些喜欢健身的人看到附近的健身房便会激发他们在跑步机上跑步的欲望一样。

这种视觉刺激物不仅会让一两只猴子或一群大学生分泌多巴胺，视觉刺激物还能够影响整个企业。荷兰一家电信公司与心理学家罗布·霍兰及其团队合作研究视觉刺激物的大规模影响力。[20]这家公司想要减少自己对环境的影响，公司管理层决定，前几个月的主要任务是让员工们回收纸张和塑料杯。

公司在公共区域放置了回收箱，用来收集这些物品。有一个特定的团队专门负责反复指导员工们如何将物品扔进回收箱，向员工们强调回收箱的便捷性和重要性。尽管公司确立了目标，但是员工们扔到废纸篓里的纸张和塑料杯并未减少。

之后，研究人员要求员工们明确地写下自己的目标（最好写在一张可以回收利用的废纸上）。员工们的目标大概如下所示："喝完咖啡后，我会把杯子放到饮水机旁边的回收箱中"。这样一句简单的话，再辅以视觉刺激物，最终的结果便迥然不同。研究人员没有介入时，员工们每周扔进废纸篓里的塑料杯远超 1 200 个。但是在员工确立目标并辅以视觉刺激物的一周里，他们扔掉的塑料杯只有不到 200 个。这一策略减少了 85% 的浪费恶习，帮助公司实现了整体目标。

视觉框架之内

我们在康涅狄格州的家中的地下室有一个完全可以放下一套架子鼓的房间。这个房间不是我们设计的，房间里没有通往外界的窗户，墙壁是厚度为 30 厘米左右的钢筋混凝土，屋顶还能挂一个迪斯科灯球（这是我和彼得在一起的第一年，他送我的圣诞节礼物，我们之间的感情和互送礼物的形式都非常特别）。我们把架子鼓放在迪斯科灯球的正下方，一旦用力敲大鼓，即便没有打开灯球的开关，灯球也会旋转。我们猜测，之前的房主也许将这个房间用作健身房或舞蹈室，也有可能是他们外出前想要好好看看自己的造型，因为他们在一面墙上贴满了镜子——这让迪斯科灯球的闪光效果加倍。如果你有眩晕症，最好不要在我练习期间来这里。

这个房间是放置架子鼓的完美地点，除了因为它位于地下室，还因为这里是我去车库的必经之地。我每次外出，只要不是步行，都会路过架子鼓。在门口脱鞋时，架子鼓在盯着我看；跳进车里打算去商店买东西时，我会被鼓槌绊倒。毫无疑问，鼓槌是我在上次练习时因为灰心丧气而四处乱扔的。

把架子鼓放在这个作为家里主要通道的房间里，意味着我的视觉刺激物会频繁地出现在我的视觉框架内。这一视觉刺激物会激励我立即开始练习，有时甚至是在我刚从杂货店回来，还没有来得及处理牛奶和即将融化的冰激凌的情况下。

想必大家都听过"眼不见，心不烦"这句俗语，这句话说明将视觉刺激物放置在视觉框架以外会对我们的选择及行为产生影响。我们可以有意识地构建周围的环境，舍弃那些会导致我们做出与自己当下目标相左的物品，放置一些能够激励自己做出更优决策的视觉刺激物。将架子鼓放在我的视觉框架内可以激励我增加练习的次数，如果没有视觉激励物，我的练习频率则会大大降低。我无法说出具体的数字，但有一次假期，我在康涅狄格州待的时间比以往都长，我征用了马修的 Magna Doodle 画板，记录了那周的练习次数：当我仅仅因为路过那个房间而进行计划以外的练习时，我便会在画板上做记号。我可以骄傲地说，马修的画板上被我画满了线条，看起来像是一个橄榄球场地的特写。

目中所见会影响我们的行为，视觉框架内放置的物品会改变我们的选择。要想了解如何确定视觉框架，认识到视觉框架如何影响我们吃什么、扔掉什么、简历中写什么，常常看看我们的愿望清单吧。

06
正确解读他人情绪

平安夜当晚，马修穿着一件红白相间的有些像婴儿礼服的绒毛连体衣，系着一条有搭扣的黑色腰带，头上时不时会出现一顶深红色的帽子（趁他不注意时我们给他戴上的），帽子上有白色绒毛边饰、白色绒球和闪闪的雪花片。他的衣服、他的身高（他当时只到我的膝盖那么高）和他调皮的笑脸，让他看起来像一个小精灵，尽管我觉得他的祖母本想将他打扮成迷你版的圣诞老人。如果他再长大一些，在镜子中看到自己的模样后，或许他会挣脱我们，脱掉这身荒唐的衣服。

不过那天晚上，马修似乎并不在意，因为全家人都围在架子鼓边听他打鼓。彼得让他站在小鼓上，并将两只重重的鼓槌交到他手中。我们都戴上耳机，期待着马修的演出。马修先击打轮鼓，这通常是他够不到的地方，之后又敲击溅音镲。当彼得想要在他身后敲击大鼓和踩镲时，马修停止了"噪音"制造。他转过头看着彼得，好像在询问他为什么要加入自己的单人乐队。显而易见，他对自己听到的音乐表示认可，因为他像歌手史提夫·汪达一样摇摆起来，之后又跟着彼得击打的节奏上下摇头，非常时髦。

画面就此定格。

时间推移到大约一周之后。纽约迎来了一场暴风雪，气温骤降，儿童保护服务机构已经禁止带孩子外出。我和马修长时间待在家中，两个人都有些烦躁。翻完他的玩具箱后，我们急需一些新的活动。我想，或许我可以和儿子重温平安夜那晚的节目表演，我自己也可以借机练习一下打鼓。我们俩走到架子鼓前，我坐下来，抱起马修，把他放到落地嗵鼓的鼓面上，给了他一套鼓槌，我自己也拿了一套鼓槌。我打开音响，准备播放《你的爱》这首歌。

我决定专心练习大鼓、小鼓和镲。在学习打鼓的这一阶段，协调四肢对我来说仍然是一大挑战，对此我心知肚明。而事实证明的确如此。因为我一开始打鼓，马修就像之前对他爸爸那样看着我。但是，这次他并没有流露出着迷的神色，跟着音乐跳舞、摆头，他对我的音乐没有任何感觉，可能因为我的演奏没有任何节奏感可言。我敢说，这是我第一次在他脸上看到厌恶的表情，他玩弄自己尿布里面的东西时都不会有这种表情！我感觉糟透了。

我本不应该对此感到错愕，因为在开始写这本书和那场暴风雪期间，我又没有坚持练习。我的进步微乎其微，也许这样说都算是过奖了。我学习打鼓的决心被一点点瓦解，我花在练习打鼓上的时间还没有摇晃马修的沙槌的时间多。通常都是我摇着沙槌，马修跟着节奏边走边哼唱《一只小蜘蛛》，这首歌只有做妈妈的人才能够理解或喜欢。

当然，我放弃练习打鼓的原因有很多，它们同样也是我在开展一些重大项目的过程中渐渐放弃的原因,你们当中或许也有人面临着相似的问题。我们在半路迷失,我们看不到终点,但实际上是因为我们还没有开始行动。我们的兴趣逐渐消退,慢慢放弃自己的承诺。我的理由有很多:可用的练习时间太少;总是因公出国,而那里禁止打鼓;有人偷了我的架子鼓;我用来抓鼓槌的手指刚好受伤了……但这些都不是我放弃练习打鼓的真正原因(我知道这令人震惊)。

我丈夫的面部表情也是导致我失败的原因之一。

当我第一次坐在架子鼓前练习时,彼得露出了灿烂的笑容。回想起来,或许我将震惊错当成了鼓励。但是在第二次、第三次、第四次练习时,他脸上的笑容逐渐消失,就像我成为摇滚明星的潜力逐渐消失一样。我的丈夫、父母、朋友都想听马修打鼓,而不是我,但我不能责怪他们。一天下午,我把自己敲击小鼓、大鼓和镲的声音录了下来,听完录音后,我自己都觉得不堪入耳。

坦白来讲,我不能责怪彼得。他消失的笑容、痛苦的表情并不是问题的根源所在。真正的问题在于,从我第一次练习到现在,我都只想得到正面的反馈,我希望他说我打得很棒,希望他说我能够把控全场。

远离自负

"Floccinaucinihilipilification"[(对荣华富贵等的)轻蔑]是英文字典里最长的一个单词。美国人无论如何都会避免使用这个单词,并不是因为这个单词发音或拼写困难，而是因为它与我们追求成功的核心价值观不符。人们总是想要聚焦积极面、避开消极面，但这种心态往往令我们收效甚微，就像我在学习打鼓时的心理一样。

据说在18世纪中期，英国伊顿公学一群博学多识（也或许是无聊）的学生将表示"一小撮羊毛或一绺毛发的、微不足道的东西、无关紧要的东西"的拉丁语词根进行组合，创造了这个单词。

组合后的单词意为"（对荣华富贵等的）轻蔑"。

如今，"Floccinaucinihilipilification"不仅是一个古代的戏谑用语，它几乎成了一种文化禁忌。我们不去培养健康的自我意识，反而尽一切努力避免将自己视为平庸之人。在面对挑战时，为了保持对自己的良好印象，我们倾向于选择缴械投降。

我们想要建立积极的自我意识的一大原因是：我们认为这是保持动力的最佳方式。我的研究团队调查了400多个人，发现有超过95%的人认为，相较于不自信的人，自信的人更加出类拔萃。这种看法导致我们总是希望获得如下反馈：我们认为，为了提升业绩，老板应该鼓励员工，而不是批评员工；朋友应该对我们的观点表示认同，而不是进行批判性的分析；父母认为，为了让孩子进步，老师应该给予孩子正面反馈，而不是负面反馈。

但科学研究给出的答案恰恰相反。当我们的努力不足以获得正面反馈时，就像我乏善可陈的打鼓表演一样，正面反馈只会适得其反。佛罗里达州立大学的心理学家罗伊·鲍迈斯特分析了200多份研究报告，调研人数达数千人。[1]他发现，以增强自信为目的而给出的反馈、业绩评估和称赞并不能帮助人们更好地实现目标。例如，对自己有正面评价并不会提高工作业绩；给孩子更多的自信心对他们的在校成绩毫无帮助；自信不会提高人们成为领导者的概率，他们不易得到别人的喜爱，尽管自信的人常常认为自己受欢迎且擅长社交，但实际上他们与其他人并无两样。他们的行为和其他人一样咄咄逼人，也不会比其他人更慷慨。

这个结果让鲍迈斯特本人都十分惊诧，他曾表示这是他职业生涯中最令他感到失望的一项发现。积极的反馈和良好的自我评价对人们的成就并无影响，这似乎与我们建立的有关"哪一类人成就更高""我们应该如何激励自己实现更多的目标"的基本信念相悖。

如果无法从那些让我们自我感觉良好的积极反馈中获得激励，我们应该怎么做呢？我们应该从何处获得激励呢？实际上，我们可以通过正确解读他人情绪的方式获得激励，即便他们告诉我们的并非都是正面信息。当然，鼓励会让我们感觉良好，称赞会让我们感到开心，但并非所有的溢美之词都能起到激励作用。知道自己的短板才能够激励我们行动。慈善机构的募捐者深谙这一道理，他们与科研人员合作，说明了相较于展现成功，强调不足会产生更好的激励效果。国际至善协会韩国办公室与社会心理学家阿耶莱·费斯巴赫合作发起了一项为非洲艾滋病孤儿募捐的慈善活动。[2] 团队向捐赠人筹款，并告知他们项目的最新进展。其中，一部分捐赠人收到的是筹款情况的正面反馈，他们了解到的是：该项目的目标金额为10 000美元，目前已经筹得5 000美元。另一部分捐赠人收到的信息相同，却是以负面信息的形式给出的：该慈善项目还有5 000美元的资金缺口。哪种反馈会激励捐赠人再次捐赠呢？答案是负面反馈。发现自己捐助过的慈善组织仍然资金短缺后，会继续捐款的捐赠人是原来的 8 倍。由此可见，有时我们需要了解自己的真实情况，即便这意味着我们收到的可能是负面反馈。

学习正确解读他人情绪

正确解读他人的真实情绪（即使是负面的），还是按照自己的意愿去解读他人的情绪，关系到我们最终是否能达成交易，是否能得到晋升，还能观察到人们对自己目前的工作是否满意。在各行各业、各个人生阶段中，能够正确解读他人情绪的人都会更加快乐、更加卓有成效。年仅 7 岁的孩子如果擅长解读他人的情绪，即使他们看到的并不是鼓励性的言行，他们的学习成绩也会相对更好。[3] 能够正确解读员工情绪的管理者创造的工作环境更有益于员工的心理健康，这会影响员工与客户之间的相处方式，进而促进每月销售业绩的提升。[4] 能够正确解读患者情绪的医生陷入医患纠纷的概率更低。[5] 在一项研究中，一群新加坡的商科学生进行了角色扮演游戏，那些能够更好地解读他人情绪的学生会为所有人创造更多的价值。[6] 正确解读他人情绪不仅能够让人感到满足，而且还可以创造财富，但这并非易事，我们由此进入下一个故事。

一个春天的夜晚，我有幸作为嘉宾参加了纽约艺术学院举办的翠贝卡舞会。这是一场一年一度的慈善晚宴，会上有约 100 位艺术家的摊位。这晚，艺术家们会抛开印刷机和电锯，调低干燥炉的温度，弄干画笔。几天前才画到地上的画作"讽刺"着客人花里胡哨的高跟鞋。到处都是艺术品，这些艺术品可以用来欣赏、购买、吃掉，甚至还会不小心踢到它们。

那晚，我与晚宴举办者的一位朋友一同出席，晚宴组织者有着和波普艺术的倡导者安迪·沃霍尔一样的浅色金发，他正忙着招呼宾客。我被一系列人体行为艺术所吸引，走下楼梯，闲逛到地下室。点点灯光照亮了这个深埋在地下的空间，这里的每一处都被涂成了白色。我经过另一位正在闲逛的人时与他对视了一下，并冲他笑了笑，我也不知道为什么会这样——我们都被这个怪诞离奇的场景吸引住了。

他说："嗨，我叫丹尼斯，很抱歉打扰你，要不要我来帮你？"我下楼时顺手在前菜餐盘里拿了一个菠菜派，我希望他说的不是帮我拿掉卡在我牙缝里的菠菜。我焦虑的心情溢于言表。

在我回答之前，他便从我肩膀后面拿出了一个酸橙。下一秒，酸橙消失了，取而代之的是一副纸牌。

尽管已经非常明显，但他仍然解释道："我是一位魔术师。"

我后来才知道丹尼斯·基里亚科斯那晚是去晚宴上工作的。晚宴举办者邀请他随机为客人们表演魔术。我在一张黑桃8上写了我的名字，并把牌放回那副纸牌当中，但几分钟后，那张黑桃8居然出现在他的钱包里。他的手从来没有离开我的视线，或者说我认为如此。我张开手，看着他把一个红球放到我的手中，然后我紧紧握住。当我张开手时，手中出现了两团黏黏糊糊的深红色的东西，但在看到它们之前，我没有感觉到手中的东西有任何变化。我被吸引住了，之前我努力保持着的上流社会人士的得体端庄，在那一刻都消失不见了。

那晚之后，我多次邀请基里亚科斯为我的学生们表演魔术。我在学校教学生们视觉与注意力的理论科学，基里亚科斯则让他们亲身体验视觉的魅力。他的障眼法每次都会让我们措手不及，我们不禁会想，他是怎么做到的。学生们很喜欢他，我知道这不仅仅是因为他让学生们在上课期间得到了短暂的休息。

我问他是如何让观众们沉迷其中的，他回答道："其实关键就在于正确解读别人的情绪。"基里亚科斯告诉我，他小时候是一个害羞胆小的孩子，经常被欺负。他想要树立一种新的形象，魔术帮他实现了愿望。

"我通过阅读找到了成为派对焦点的方法。'想要成为焦点吗？那就学习魔术吧！'所以，我照做了。我发现人们在某种程度上都是相似的，大家都不想被取笑、被愚弄。所以我没有这样做，人们在我的魔术中不会有被愚弄的感觉。当我表演时，我会解读观众们的感受，找到精神状态相对契合的人和我一起体验魔术，这一点至关重要。"

我问他，如何在观众中找到愿意体验的人呢？

他说："有些观众的表现是非常明显的。我会找冲我点头的那些人，而不是胳膊交叉在胸前仿佛在说'嗯，你骗不到我的'那些人。你可以看到一些观众的脸上有着真诚的笑容，要看眼睛而不是嘴巴。同时，你要警惕那些从座位上跳起来大叫'我爱魔术'的人，这有点太过了，能量必须适度才行。"

正确解读他人的情绪并非易事，即便是对基里亚科斯这样的人来说亦是如此。视觉科学家杜世川（音）和亚历克斯·马丁内斯的研究结果明确证实了这一结论。[7]他们俩向一群大学生和大学教职人员展示了 100 多张人脸照片,然后他们给出 6 个选项,请参与者选出照片中的人表达了什么情绪。每张照片的展示时间为半秒钟,这个时长足够看清楚照片,但没有足够的时间对照片进行深入分析。研究人员想要获得的是参与者的第一印象。一般来讲,参与者容易识别快乐的表情,猜对的概率为 99%。恐惧的表情最难识别,猜对的概率仅有 50%。他们猜错的主要原因是错将恐惧当成了惊讶。

此外,这项研究的参与者也很难辨别其他情绪。猜错生气的情绪的概率约为 40%。当照片中的人表达生气的情绪时,1/4 的参与者会将其当作悲伤或厌恶。当照片中的人展示厌恶的情绪时也是如此,参与者也很难识别厌恶的情绪,错将厌恶当作生气的概率为 50%。

即便是那些我们以为很擅长解读他人情绪的人,也同我们一样难以辨别他人的情绪。大约 30 年前,社会心理学家保罗·艾克曼测试了不同人群解读说谎者和说实话者的面部表情的能力。[8] 参与研究的群体有大学生,也有一些在艾克曼看来十分擅长辨别谎言的人,包括精神科医生、刑事侦查人员、刑事法官、联邦调查局负责测谎的警察和美国特勤局特工。

艾克曼为这些在他看来能够识别出谎言的人播放影片,影片中一群刚看完电影的女性正在接受采访,对影片进行评价。所有人的反馈都是正面的,但不是每个人都在讲实话。一组人观看的是有关自然的影片,她们确实非常开心、满足。但另一组人观看的是一部恐怖片,里面有截肢和焚烧受害人的画面,如果说这类影片很棒,那便是在说谎。参与者知道存在这两种可能性,但是他们不知道这些女性究竟看的是哪一部影片。他们需要做的是猜测哪些女性在欺骗记者,哪些女性在讲实话。

不出所料，大学生们很难分辨这两者之间的区别。他们的平均正确率和盲猜的水平差不多，他们几乎没有辨别他人情绪的能力。

但是一些参与者曾经接受过专业的教育和训练，或者似乎天生就比常人更擅长解读他人的情绪。例如，诊断人类有无精神问题的精神科医生和联邦调查局负责测谎的警察，他们的工作便是寻找人们说谎的迹象。在艾克曼的实验中，他们的正确率与大学生的正确率（盲猜的正确率）相差无几。换言之，他们的判断本质上都无异于盲猜，而且猜得极其不准。

除了一组参与者。

只有一组参与者分辨说谎者与说实话者的正确率高于盲猜的概率，那便是美国特勤局特工，他们的平均正确率为64%。其中有10位非常厉害，正确率在80%以上。

这让艾克曼不禁思考说实话者和说谎者的区别到底是什么。有哪些是美国特勤局特工看到了，而精神科医生、刑事法官、负责测谎的警察没有看到的呢？结果发现，美国特勤局特工均接受过专业训练，他们通过辨别脸部特定位置的表情识别谎言。当艾克曼再次观看那些女性表达自己情绪的视频时，他发现了美国特勤局特工所看到的东西：她们微笑时的细微差别揭露了她们到底是在说实话还是在说谎。

当我们感到痛苦时，位于眼周的皱眉肌便会发生变化。[9]当阳光非常耀眼，我们眯着眼睛时，我们的眼睛与鼻子之间的部位会发生什么变化呢？你的皱眉肌会将眼皮下拉，试图挡住刺眼的阳光。或者也可以想想我们眉间的皱纹（位于鼻子上方，因眉部肌肉拉动而形成的），有些人会通过打肉毒杆菌的方法消除眉间皱纹。那些谎称自己感觉不错的女性正是通过这两个部分及她们的嘴唇暴露自己的。一些说谎者的上嘴唇会因厌恶而微微卷起，嘴角也会出现微动。所有人的发言听起来都十分令人信服，她们微笑的次数也差不多，但她们的厌恶情绪会通过看似积极的表情显露出来。

定格镜头

我们或许永远不会和保罗·艾克曼或者美国特勤局特工面对面交谈，但有些时候我们不免想知道自己所爱的人是否心情低落，我们的孩子是否真的开心，我们的老板是否真的满意。那么我们如何知道这些呢？解读他人情绪的关键在于学会定格镜头。如果我们知道应该关注哪里，便可以更好地解读他人的情绪。

在微笑时，人们嘴边的肌肉都会动，但是区别真笑和假笑的关键在于眼睛，两者的区别在于我们使用眼轮匝肌的方式。真笑时，眼轮匝肌会收缩，拉紧眼周肌肤，我们可能会因此出现鱼尾纹（之后可能会花大价钱消除）。被迫微笑时，我们会借助脸颊上的笑肌将嘴唇拉到正确弧度，但这不会导致鱼尾纹。

那么，应该如何区分惊喜与害怕呢？这两种情绪的面部表现都是眉毛上扬、眼睛睁大。患产后抑郁的人，表现这两种情绪的方式尤其相似。我们可以通过嘴唇张开的幅度来分辨这两种情绪。惊讶时，嘴巴张开的幅度更大。

愤怒与悲伤的表情也极其相似，一眼看去我们可能会混淆这两种情绪。人们在愤怒和悲伤时都会垂下眉毛、闭上眼睛。此外，愤怒与恶心时的嘴巴也非常相似，双唇紧闭有可能是在控制愤怒，也有可能是因为感到恶心。[10] 想要正确解读愤怒的情绪，我们应该着眼于眼睛和鼻子。降下唇肌的作用是下拉下唇。愤怒时，降下唇肌会保持紧绷拉直的状态；悲伤时，降下唇肌则会下垂。当愤怒和厌恶的情绪十分强烈时，我们可以通过鼻子来分辨两者。愤怒时，鼻子会微微皱成一团；厌恶时，则会紧皱鼻头。

当然，通过面部的某个部位去解读一个人的情绪并非易事。表情只会持续片刻，或许我们看到的表情并不是我们需要的。在判断他人的情绪时，我们可能会猜错，而且很少有机会看到别人看不到的东西。

出现这种情况的部分原因在于人脸是极具表现力的。我们经常会同时表现出多种情绪，这些情绪会同时展现在我们的脸上。所以，当我们通过观察面部表情得到多重信息时，很难直接解读或猜测对方的真实感受。

以我的照片为例。我知道，这张照片并不美丽，那些皱纹是岁月在我脸上留下的痕迹。将这张照片发布在各大社交网站上需要一定的勇气。但我还是发布了，并请大家描述他们认为的我所表达的情绪。你也可以试试，你看到了哪些情绪呢？

大约 100 个人给出了答案，他们只需回答一个单词。虽然他们看到的是同一张照片，却给出了 30 种不同的答案。在下图所示的"标签云"中，较大的是出现频率较高的单词，较小的是出现频率较低的单词。扫视一眼，你会发现大多数人看到的是负面情绪，其中"不自在""忧虑""尴尬"这 3 个词出现的频率最高。但有 15% 的人看到的情绪完全相反，他们看到的是正面情绪，其中包括幸福、快乐、有趣。

人们的解读各不相同，这对我们的一些重要关系影响巨大。为了证明这一点，我与社会心理学家威廉·布拉迪针对人们如何解读表情开展了一项更为细致的研究。[11] 我们收集了 30 多张照片，照片中有男有女，有笑着的，也有皱着眉头的。最重要的是，每张照片里的人物情绪都是多样而复杂的，既有积极情绪又有消极情绪。例如，在一张照片中，一个男人的眼睛外缘微微皱起，这代表开心。但与此同时，他的嘴唇边缘也微微卷起，这代表鄙夷或厌恶。我们调查了300多位情绪稳定的成年人，让他们判断照片中的情绪是正面的还是负面的。我们通过他们的反馈来判断他们关注的是哪个部位。如果他们认为照片中大部分人表现的都是积极情绪，那么他们关注的便是表现出幸福快乐的部位；如果他们认为照片中的大部分人表现的都是消极情绪，那么他们关注的便是表现出愤怒或悲伤的部位。

我们认为，当参与者的个人关系出现问题时，这种误判会在一定程度上影响他们处理冲突的方式。我们请参与者回想一些令他们心烦意乱的两性关系问题。他们的问题包括：家务分配不平衡、经济压力、管教孩子方面的分歧。当然，每个人都会因这些问题而懊恼，但有些人认为出现分歧就必须斗个你死我活，而有些人会认为这只是小事一桩。那些能够更加精准地识别其他人的面部表情，准确地解读出积极情绪和消极情绪的人，同样也擅长识别自己伴侣脸上的失落或不满，他们往往认为冲突并无大碍。正确解读消极情绪并不会让人感到绝望，反而能够让我们更好地了解哪些问题有待改善。

有时，我们所处的环境并不需要我们感知他人的情绪；有时，则需要我们解读一群人的情绪。

即使你不是一个需要在上下班高峰期横跨时代广场的纽约人，你也可能会讨厌人群。无论我们身在何处，总有一种情况能够让我们感到恐惧：站在一个座无虚席的大型会议室的最前面发表演讲。一项调查了8 000多人的国家普查发现，公开演讲是最令人感到恐惧的事情，很多人甚至表示这比死亡还令他们恐惧。我们讨厌公开演讲的原因之一是公众反馈对我们来说至关重要，但公众反馈的不确定性很大。我们在意他人对自己的看法，因此他人是否喜欢我们的演讲对于我们来说非常重要。亿万富翁沃伦·巴菲特曾有很长一段时间因公开演讲而感到焦虑，甚至在被要求在课堂上演讲时差点退学。而现在，他却能够在每年的股东大会上回答4万多与会者持续5个小时的提问。[12]

对公开演讲的恐惧并不限于特殊场合。在小组会议上进行一次出色的季度工作汇报，在婚礼上发表一次精彩的敬酒致辞，每一场会让我们心跳加速的日常公开演讲都会让我们感到恐惧。如果你没有准备充分、理清思路，那么无论你是面对一小撮人还是一大群人，演讲都会引发你的恐惧情绪。

在解读他人情绪时，我们应如何确定自己是会得到一片掌声还是一记拳头呢？这取决于我们在看向观众时如何解读他们的面部表情。我们看待他人的方式，我们扫视房间时的目光所及之处，决定了我们是否会认为观众与我们处于对立状态。在这种情况下，如果对方回看我们，我们便会因此而受到鼓励，我们希望得到赞赏或者至少是肯定，以防自己会感到口干舌燥或焦虑。这便是学会定格镜头会减轻我们对人群的恐惧的原因。

克里斯·安德森出生在巴基斯坦的一个偏远村庄，他的父亲是一名传教士。安德森毕业于牛津大学哲学系，刚开始在塞舌尔群岛担任世界新闻记者，他还给英国最早的两家电脑杂志做过编辑。但是我们知道他并非因为这些，而是因为他创立了TED。

TED 是一个非营利性组织，宗旨是"传播一切值得传播的创意"。这个组织每年都会举办一次 TED 大会，技术界、娱乐界、设计界、艺术界和科学界的杰出人物都会出席。每位演讲者最多有 18 分钟的时间分享自己做出的最具创意的、最有趣的社会贡献。大会涵盖的话题多种多样，从性高潮的科学原理到教育改革，各个领域均有涉猎。很多人都会应安德森的邀请出席 TED 大会，这些人的出席为 TED 大会带来了超过 10 亿人次的观看量。

在策划 2013 年的 TED 大会的过程中，安德森与 TED 团队进行了一些全新的尝试。他们环游世界，去了 6 个大洲，在每个停留的城市都听到了独一无二的精彩故事。在《哈佛商业评论》的一期采访中，安德森回忆了那次探险之旅。

在听了大约 300 个故事后，他们找到了一个十分与众不同的故事。在肯尼亚，安德森遇到了理查德·图雷尔。理查德是马赛族人，同时也是肯尼亚最年轻的专利持有者。他生活在内罗毕国家公园附近的基坦吉拉。从 6 岁开始，他便承担起保护家畜免遭狮子夜袭的责任。那些狮子十分狡猾，部落里的人教给他的方法无法起到震慑作用。家畜一只只被捕杀，有时一周会死 9 头牛，有时狮子也会死。

经过反复实验，图雷尔发现，当自己拿着手电筒穿过原野时，狮子便会敬而远之。但是，原野广袤无垠，图雷尔手中的光线显得微不足道。为了让解决方案规模化，他将父母的收音机拆开，自学电子工程的基本知识，并将太阳能板、汽车电池和摩托车的转向灯组装在一起，搭建了一个照明系统。晚上，原野里闪烁的照明系统有效阻止了狮子的袭击。肯尼亚的各个乡村都采用了他的方案,开始安装这种防兽灯,并将其命名为"理查德狮子灯"。

安德森认为这个故事值得分享,因此邀请图雷尔出席2013年的TED大会,作为TED演讲台上的最年轻的演讲者之一分享他的故事。图雷尔当时年仅13岁,英语并不流利。而且他演讲的地点并不在家乡肯尼亚,而是在美国加利福尼亚州的长滩市。他连首次乘坐飞机都需要鼓足勇气。在练习过程中,他说起话来结结巴巴、十分生硬,可以想象,当台下有1 400名观众时,情况只会更糟。

TED的员工帮助图雷尔搭建故事框架、练习演讲。

如果你看过图雷尔的演讲,你会看到尽管他非常紧张,但仍然吸引了众多观众,演讲结束后观众纷纷站起来为他鼓掌。那么,安德森和TED的员工是如何帮助图雷尔克服紧张情绪的呢?他们在各个观众区找到五六个面善的观众,让图雷尔在演讲时看着这些观众的眼睛。

来自得克萨斯州大学达拉斯分校的以乔纳森·沙斯廷为首的研究人员所做的研究解释了这一方法的合理性。[13]研究人员在参与者扫视人群面孔时使用先进的技术将其眼睛的运动轨迹记录下来,他们并未提前告知参与者。电脑显示器内嵌的传感器记录了参与者的视线聚焦点。研究人员发现,扫视人群的方式会让我们认为自己与人群是对立的,这导致我们站在别人面前时会感到恐惧。在扫视人脸时,我们的视线更容易落在愤怒的面孔上,而非友好的面孔上。如果任由我们四处扫视,那么我们往往会聚焦于对我们表现出敌对情绪的对象,忽视友好的信号。因此,安德森建议图雷尔在人群中定位几张友善的面孔,这就像反作用手段一样,能够帮助我们了解到更加接近真实情况的观众的反应。

有其他研究表明,是否采用这一策略与年龄有关。相较于年轻人,年龄稍大的人更倾向于使用 TED 的员工在演讲前教给图雷尔的方式看待社会环境。对于年龄稍大的成年人来说,这种方法能够提高他们的情感满足度。[14] 但即便是对于那些不习惯使用这种方法的人来说,在扫视人群时着重关注快乐的面孔也会让他们从中受益。养成这种视觉习惯的优势将在孩子们成年以后突显出来。[15] 临床医生发现,患有社交焦虑症的 7 岁儿童如果着重关注人群中的笑脸而非紧皱的眉头,几周后他们的症状便会得到缓解。实际上,他们当中有一半的人将因此不再患有社交焦虑症。相比之下,没有这种视觉习惯的孩子中,有 92% 仍然在接受治疗。相同的道理,大学生在期末考试前一周将注意力转向人群中的笑脸能够减轻压力,减少对考试成绩的担忧。[16]

对销售人员而言亦是如此。在一项研究中,在扫视人群时着重关注友善的面孔的电话销售员,之后进行电话销售(并非面对面销售)的数量便会猛增,增幅约为 70%。在他们练习着重关注人群中的笑脸之前,电话销售的成功率平均为 1/13。但是在这之后的成功率却达到了 1/7。[17] 为什么会这样呢?研究人员发现,反复练习着重关注友善的而非愤怒的面孔会降低销售人员的皮质醇(显示人体压力程度的神经内分泌系统)。练习着重关注友善的面孔会让人冷静、自信,从而直接提升销售业绩。

接受失败，换个角度看失败

研究显示，当我们认为自己有机会学习和成长时，帮助我们准确看待世界的视觉框架效果最佳。卡罗尔·德韦克是斯坦福大学的心理学教授，专门研究行为与成就。[18] 她发现，人们在实现目标过程中的思维模式能够准确反映长期来看他们能否取得成功。根据她长达55年的调查研究，在开启新的体验时，有些人相信自己可以通过努力和付出学到宝贵技能，他们能够通过了解自己的准确位置（即便这会让有些人感到挫败）找到前进的动力。这便是所谓的成长型思维。他们将新的经历、体验当作提升自己的机会，从而激发自己的学习热情。找到自己的知识盲区至关重要，这与向人们展示你所知道的事情的重要程度不相上下。有这种心态的人认为，失败并不能定义一个人，失败只是人们成长过程中的一部分。

同时，她也发现了另外一群人。他们在面对未知领域时非常恐慌。他们认为这可能会导致失败，而失败的经历令他们感到十分糟糕。这便是所谓的固定型思维。他们认为性格与个人特征是无法改变的，即人的智力和能力是天生的。对他们来说，业绩差意味着能力不足，而能力不足是无法克服的。他们认为失败会定义整个人，因此，他们的目标是获胜而非学习。那些拥有固定型思维的人认为冒险可能会暴露他们的短板、缺点和弱点。所以他们不仅不会冒险，还会避免任何新的尝试——这种心态最终会导致毁灭性的结果，因为他们错失了能够学习更多的东西的机会。

这两种思维模式会影响我们面对错误时大脑的反应。下页有一个研究人员基于德韦克的研究设计的测试，用于评估人们的思维模式。你可以测试一下，基于这一评分表，你对以下 3 种描述的认同程度是多少。做完之后，将分数相加并除以 3。

思维模式测试

1	2	3	4	5	6
非常同意	同意	大部分同意	大部分不同意	不同意	非常不同意

1. 你智力不低，但你无法改变它。
2. 你的智力是你的个人特质，你无法改变。
3. 你可以学到新东西，但你无法改变自己的基本智力。

分数无法说明你是属于成长型思维还是固定型思维——实际上，你的分数会随着你的变化而改变。平均分较高的人（≥4）更倾向于认为人们可以学习新技能，而平均分较低的人（≤3）则更倾向于认为人们无法通过努力改变自己的智商。

美国密歇根州立大学的心理学家贾森·莫泽和同事利用这一思维模式测试对参与者进行了调查。[19] 他们还设计了另外一个有趣的测试——一个视觉搜索游戏，参与者需要快速、准确地找到图片中不匹配的地方。研究人员的问题是：边缘的图片与中间的图片是否一样。测试时，莫泽让参与者戴上脑电图帽，脑电图帽通过对 64 个点的监测捕捉参与者的大脑活动。莫泽对错误正波信号尤其感兴趣。错误正波信号是一种脑波，在人们意识到自己犯错时会达到顶峰，在人们意识到自己犯错的 0.2 秒内，错误正波便会做出反应，非常迅速。

莫泽根据参与者认为人的智力是天生的还是后天可开发的来判断他们是成长型思维还是固定型思维。基于不同的思维模式,莫泽能够预测哪些人的大脑会承认自己的错误,哪些人的大脑会否认自己的错误。拥有成长型思维的人的脑电图中,错误正波的振幅更高。从神经学角度讲,他们会承认自己的每个错误。相比之下,拥有固定型思维的人的神经反应则十分平缓,仿佛并未意识到自己犯错。最重要的是,承认错误是提升测试成绩的关键所在。错误正波信号较强的人在之后的任务中表现得更好,成长型思维能够让学生们快速意识到错误所在,从而帮助他们学习、振作并得到提升。

当我们关注自己的错误,认为这并不代表自己无能,而是代表着一次成长机会时,我们的心理也会更加健康、积极、乐观。研究人员训练美国大学生篮球联赛第一梯队的运动员时,会刻意培养他们的成长型思维。[20] 当这些运动员学会将失败当作提升自我的机会后,不仅压力有所减轻,还能够更好地处理自己的消极情绪,同时会在自己的专业领域投入更多精力。在另一项研究中,研究人员继续培养大学划船运动员的成长型思维。这些运动员意志坚韧,坚信自己能够取得成绩,这也是取得成功的关键所在。

成功不仅限于用时更少或又拿下一个三分球。"重生"也是成功的一种形式。贝瑟尼·汉密尔顿是一名职业冲浪手,她曾经历过一场巨大的事故,这次事故改变了她的人生轨迹。[21] 在年仅 8 岁时她便赢得了多场比赛。2003 年,13 岁的她与好朋友埃兰娜·布兰查德及埃兰娜的家人在考艾岛的隧道海滩冲浪。那是早上七点半,阳光正好,沙滩金灿灿的,海湾口的悬崖上覆盖着一片绿色植物,海龟在周围缓慢地游动。汉密尔顿走上冲浪板，把左手伸进水里，这时，一条身长约 2.4 米的虎鲨游上来咬了她一口。

朋友们将她拖上岸，埃兰娜的父亲将冲浪板的带子当作止血带，简单包扎后立刻将她送到医院。她流失了体内 60% 的血，已经进入休克状态。她的左臂几乎被咬掉了。但 3 周以后，汉密尔顿便出院了。出院 1 周后，她又开始冲浪。不到 1 年，她便获得了美国全国学术冲浪协会全美冲浪锦标赛的一等奖。现在，她是全球 55 位顶尖女性冲浪手之一。

对于大多数人来说，失去一条手臂意味着职业生涯的终结。对于汉密尔顿而言，这本来也会结束她的职业生涯，但她很快重新振作了起来。在只有一条手臂的情况下，冲浪十分困难，几乎不可能实现平衡。但汉密尔顿拥有成长型思维。谈及心理状态时，她说道："无论在哪种情况下，只要一心向着目标，保持积极的态度，我相信你也能够成功。"她利用这次经历，向自己、向世界展示了她即便只有一条手臂，也能够重新学习冲浪。

或许我们不会在夏威夷冲浪时遇到鲨鱼，也没有机会去争夺世界冠军，但是成长型思维在我们实现目标的过程中也十分重要。就像所有重要的目标一样，在我们追求目标的路上经常会遭遇失败。我们不应该规避失败，而应该避免一心只想要完美。德韦克告诉我们，谨记"过程比结果更为重要"。拥抱错误、找到自己可以提升的地方、承认自己的短板、接受建设性意见，这些都是成功的敲门砖。

我并不擅长冲浪，我报了一个非常优秀的教练的私教课，已经上了 6 节课。她十分耐心友好，尽管我没有取得任何进步（甚至连在海浪来临时站在冲浪板上这么简单的动作都不会），但她继续指导我。我也不擅长滑雪，第一次尝试滑雪后，我花了 6 个月的时间才完成膝盖修复手术和康复治疗。但是我并没有用自己在运动方面的失败定义自己。我尝试过了，虽然没有成功，但是至少我会继续尝试冲浪（从冲浪板上摔下来的疼痛感要比滑雪时摔倒轻得多）。

写这本书时，我所经历的失败和前面所写的这些遭遇失败的运动员们的经历有相似之处。在思考每一章节的内容和我想要分享的信息时，我从头到尾推翻重写了 9 次，每次都会删掉之前写的 80% 的内容。写出一份让我感到骄傲的手稿十分费力，就像我学习冲浪时努力想要踩上冲浪板一样。在修改每一份手稿时，我可能会聚焦于被删减掉的内容，并将其视为我无能的证据。我或许会想，可能我不是当作家的料。但是这种思维模式只会带来一部失败的作品，因为正是这种思维模式导致我们从根本上否定自己，认为自己无法提升技能、实现目标。

前 8 个版本现在被我放在一个文件夹里，这些手稿永远不会被读者看到，但是它们在这个过程中仍然扮演着十分重要的角色。每一次修正，我都强迫自己尝试以不同的角度进行思考，以新的思路进行写作。我认为这 8 个版本是这场"写作马拉松"的里程碑，是这场探险中一些重要时刻的旗帜。在纽约城市马拉松比赛中，运动员穿过皇后区大桥到达曼哈顿，之后到达中央公园，进入最后一段赛程，这些建筑物对参赛者来说都是重要标志，它们代表着挑战进入新的阶段。读者无缘看到的这 8 个版本对我来说便是如此。

我也不会将自己成为鼓手的进化史公之于众。我每天洗澡前会将当天的练习情况拍摄下来，床头是我的见证者。有些片段是在我练习的前几周录制的，那时我的风格就像一只迫切想要奔跑的小鹿一样。现在，我并不认为这些片段代表我无能，我拍摄时的心态也是如此。它们都是这场音乐马拉松过程中的重要标志，标志着我个人发展的不同阶段，它们并不是我无能的证明。

重视过程而非结果的思维模式对我们的内外气质均有影响。爱德华·德西是人类动机研究领域的专家，同时也是罗切斯特大学的教授。他将自己的理论应用于提升为几家全球化大公司工作的员工身上。有一个例子说明了关注积极面的激励作用。一个专门生产办公机器的世界 500 强公司曾经请德西当公司顾问，当时正值这一行业的困难期，竞争激烈且利润微薄。[22] 员工担心自己能否保住工作，他们的担忧合情合理，因为那时候的公司，裁员和停发工资的现象是司空见惯的，员工士气十分低迷。

他们请德西帮忙解决难题。刚开始，德西先与员工面谈。他通过面谈发现，在管理过程中，管理者给出的消极反馈远多于积极反馈。这个公司的管理者经常以员工个人价值而非其行为价值对员工进行评价。这种管理方式需要被改变。

他发起了一个培训 15 000 名员工的项目。管理者从中学会了站在员工的角度征求、倾听和理解员工的想法、行为和经历。员工则学习积极主动工作，并且环境也鼓励他们这样去做。

最重要的是，德西指导管理者如何在必要时对员工的努力给予积极的反馈。3 天后，在一片室外的空地上，管理者学习如何针对员工的想法与决策给出建设性的、积极的、称赞性的反馈,并反复这样做。

结果如何呢?管理者的积极态度影响了他们的员工,员工表示他们对升职更加有信心、对目前的工作更加满意、对管理层更加信任——甚至也包括那些他们之前从未有过任何接触的公司最高层管理者。

几年后,加拿大魁北克大学蒙特利尔分校的管理学教授雅克·福雷斯特及其团队分析了这一转变带来的经济影响。[23] 训练管理者给出积极的反馈是否取得了成效呢?答案是肯定的。他们以美元现值计算了开展培训的费用,以及该公司因为这次培训而节省的心理健康咨询费用。福雷斯特发现,这次培训的投资回报率竟然高达300%以上,这的确是一项不错的投资。

使用正确的工具

我在如何看待他人的反馈方面的建议看似含糊混杂。我建议大家关注他人、正确解读他人的情绪,即便他们对我们感到不满。此外,我还建议大家着重关注鼓励我们的人,因为选择性地接触会让我们感受到良好的社会氛围。当我们看待世界时,可以着重关注自己的贡献,也可以客观地看待世界。

当我们迎接一个新的挑战时,强调积极面会让我们充满动力。我们也可以建立能够真实地、完整地反映这个世界的视觉环境。有时,关注世界的方式会让我们看到自己的弱点或短板，但这也会激励我们进步，只要我们以成长型思维看待每一次机会。当我们相信自己拥有改变的潜力，侧重于运用自己能力最强的领域时，成功的概率便会更高。就像我们在通往成功道路上不同的工具有不同的用处一样，我们在看待世界时也有不同的选择，既可以真实地看待周围的环境，也可以全凭自己的喜好。

07

放弃禁果，感知模式

彼得离开我了。

不是离婚，而是出差，但是他要离开一周。由于时差和不稳定的电话服务，我体验了一把忙于工作的单身母亲的生活，非常不容易。卧室里一股臭味，并不是因为我，至少直接原因不是我。不知为何，彼得在清理垃圾桶时总是能够把臭味也除掉，这个技能对我来说很难掌握。马修感染了流行性感冒，我想也正因如此，他的排泄要多于进食。床上一片混乱，床单又潮又湿（怎么会这样）。我们打碎了一个台灯，并尝试用吸尘器进行清理。

我作为单身母亲的第一天以一场紧急医疗状况开启。我和马修正在玩耍，他在我身上爬来爬去，就像有些人练习热瑜伽时带去的山羊一样。之后事情变得有些奇怪，甚至比在瑜伽课上出现满身是汗的小羊都奇怪——马修用头撞了我的嘴，而且是故意的，我的嘴被撞破，立刻肿成了原来的两倍，肿胀速度比声速都快，我这么确定是因为我在听到自己的尖叫声之前便感觉到嘴巴肿了起来。到处都是血，马修和我都尖叫起来，真是开局不顺。

中午，我感到筋疲力尽，因此做了一件前所未有的事情：在马修睡觉时，我也睡了。但这不是一种难得的奢侈享受，完全不是。我就只是以婴儿一样的姿势侧躺在卧室的木地板上，我决定就在这里睡一会。没有枕头，只有一张盖住了我的脸的毯子，感觉好像它就属于那里一样。我已经没有精力走到沙发上，尽管沙发离我很近，近到我一抬脚便能碰到它。我刚倒下便立刻睡着了。难道是因为照顾孩子导致的脑震荡？

直到马修在婴儿床边叫我时我才醒过来。他把我当作人形梯子，爬到我身上，并向着 iPad（苹果平板电脑）爬过去。我之前试想过，当我因为写这本书不在家时，马修的一天是怎样度过的，那一刻我便明白了。如果街上的那家苹果零售店的 Genius Bar（店内提供技术支持建议、产品设定和维修服务的区域）有"打孔卡片"忠诚度计划，那么马修很久之前便可以兑换他的第 10 杯咖啡了。他看起来像是要上课一样，似乎知道自己正在做什么。他毫不犹豫地唤醒了他的"电子好友"，用肥嘟嘟的小食指播放了一首歌曲，当他拒绝我时，也经常用这个指头冲我示意。iPad 里有上千首歌曲供他选择，他也能随心所欲地选择从哪里开始播放歌曲。他点开了由弗兰克·辛纳特拉演唱，霍奇·卡迈克尔作曲的一首歌，并从"没有你我也过得很好……"这句歌词开始播放。

那天我明白了，我不能没有彼得。

那个星期结束后，我拖着筋疲力尽的身体带着马修从城市回到乡村，到达后，一到晚上我便瘫在床上，思考着不断变长的待做事项清单。当天忘记做的事情导致我一直睡不着。我每天需要做的事情已经远超我实际所做的事情。而且，马修爱上了日出，他希望每天都能够亲眼看到日出。所以，我承认那些天我没有练习打鼓，我甚至都没再看见过鼓槌。我十分疲惫，我想休息。

我知道并非只有我一个人想要的东西多于自己拥有的东西。我意识到这影响了我实现目标的进度——那些除了让我和马修保持健康快乐以外的目标。我再次阅读了那篇关于抵制诱惑和欲望的研究报告。研究人员在德国维尔茨堡召集了 200 多名成年人，他们同意将自己每天想要得到的东西告诉研究人员。[1] 他们每人获得了一部老式智能手机，这部手机没有那么智能，但会不定期地发出哔哔声，连着 7 天，大约每隔两个小时向参与者提出一些私人问题，主要是参与者当下是否有想要的东西，任何东西都可以。如果答案是肯定的，那么手机会请参与者具体描述自己想要的东西。参与者毫不吝啬地与这部手机分享了自己的内心世界。然后，参与者将记录他们每个需求及需求变动的这部设备上交——尽管电影让我们觉得这种设备至今并不存在，但这项研究中的手机会在一天中随机地、高频地询问参与者的需求，参与者在回答时也会毫不避讳，因此，研究人员收集到了大量数据。实际上，他们收集到 10 000 多条回答，可以借此很好地估算人们出现需求的频率。

结果显而易见。按最保守的情况估计，人们在清醒的状态下有一半的时间是有需求的。其中，1/4 的需求是食物，睡觉和喝东西的需求出现的频率紧随其后。想喝咖啡的频率要高于想看电视、看社交应用 Instagram 的消息推送或想要性爱——即便这些是较常见的欲望需求。

有需求并非坏事。对食物、睡眠和性爱的需求是我们作为生物的基础需求。但有时会出现当下需求与未来需求不符的情况。实际上，人们想要某种东西时，他们同时也在说自己不想要这些东西。他们表示，自己当下的需求会与他们正在努力实现的其他目标相冲突。总而言之，在我们清醒的 1/4 的时间里，我们都会受到那些我们想要抑制的欲望的诱惑。

这些诱惑会吸引我们的眼球、占据我们的大脑。当它们近在眼前时，我们很难去想其他事情。例如，如果我们在一场枯燥无聊的会议中看到茶歇区有一盘饼干，大脑便会开始思考如何找借口出去并顺手拿一块。

换言之，在某些情况下，如果只看眼前，便会导致我们目光狭隘。就像巧克力之于减肥者、杜松子酒和奎宁水之于禁酒主义者、挥霍金钱之于葛朗台。有时，关注某件事情也会让我们像扑火的飞蛾一样明知不可为而为之。吸引注意力的东西会诱导我们做出当下看似完美，但却与长期目标相悖的决策。今天吃一颗棒棒糖并不会导致肥胖，但是如果每天中午都吃一颗，那我们可能就需要去买一条新裤子了。某一天通勤时头一杯加冰卡布奇诺并不会给我们带来太大的经济压力，但如果我们整个月都是如此，便会导致净收入锐减，从而影响我们的存钱目标。

开阔视野

还记得谷歌负责零食储备的行政人员吗？[2] 他们的行为便说明，

过度聚焦可能会导致我们选择近在手边的东西，最终做出错误的决策。员工们到零食站是为了喝水，却因为碰巧看到了附近的零食而随手拿走。科学家意识到这一点后便决定将饮品与零食分开摆放。他们将一个饮品站设置在距离零食站 2 米远的地方，另一个则设置在距离零食站 5 米远的地方。然后，科学家记录了 7 个工作日内 400 名员工的饮品与零食取用记录。

这 3 米的差别很重要。当零食距离饮品较近时，20% 的员工会停下来拿一些零食；当零食与饮品距离较远时，只有 12% 的员工会放纵自己吃零食。以一个典型的谷歌男员工为例，他的体重为 82 公斤，每天因喝水或喝咖啡离开办公桌 3 次左右，但是他经常久坐——由于公司有各种福利，他坐在办公室的时间比其他人坐在办公室的时间都长。对他来说，12% 与 20% 的区别意味着他每年会不会多吃 180 袋零食。保守估计，每袋零食含 150 卡路里，那么他的冲动选择会导致他每年增重 1～1.4 公斤——仅仅是因为他去喝水时恰好看到了零食。

即便不在谷歌工作，我们也可以为自己设计一个空间，督促我们做出让自己更加健康、快乐、满意的选择。我与莎娜·科尔、扬纳·多米尼克共同研究发现，有些人天生便知道应该如何这样做。[3] 那些成功控制饮食的人会像谷歌负责零食储备的行政人员一样，以更加健康的方式创造周围的环境。我们调查了几百个人，问他们是否设立过限制不健康食物摄入的目标。此外，他们还需要告诉我，他们的减肥目标是否达成、具体减了几公斤体重。之后，我们请他们估计面前出现的各种食物与自己之间的距离。为了完成实验，我们搭建了一个小餐厅，并在桌上摆满了薯条和饼干，还有胡萝卜和香蕉。我们发现，相比成功保持健康的饮食习惯的减肥者，那些难以抵制诱惑的减肥者所估计的不健康食物与他们之间的距离更近。当然，减肥者与不健康食物之间的距离始终是保持一致的。难以抵制诱惑的减肥者认为糟糕的选择距离自己更近，因此他们选择健康食物的意愿更低。为什么会出现这样的错觉呢？或许是因为视野狭窄，我们无法将目光从那些看似在眼前的东西上挪开。

我将以一家纸杯蛋糕店为例进行解释说明。米娅·鲍尔和贾森·鲍尔在纽约市曼哈顿上西区合伙创立了Crumbs。这家店以巨大的甜品而闻名——上面涂满厚厚的糖霜，还有各种又黏又软的装饰品。这家店的"巨型纸杯蛋糕"高约17厘米，所有人都喜欢这家店的纸杯蛋糕。Crumbs刚开始只是一家夫妻小店，但在10年内便开了70家门店，其中有22家店在同年开业。Crumbs也因此荣登"500家成长速度最快的企业"榜单。鲍尔夫妇二人开玩笑说，他们的孩子会说的第一个单词便是纸杯蛋糕。

但是，就像我们一样，Crumbs的"青少年时期"也非常艰难。Crumbs之前的股价为每股13美元，但在公司创立第13年时，股价却暴跌至每股3美分，之后又跌到每股不到1美分。纳斯达克早在Crumbs关掉所有门店之前便计划将其退市。

到底发生了什么呢？当然，事后看来一目了然。行业分析师认为，帮助Crumbs最初成功的关键因素正是导致其衰落的原因所在：仅售卖单一产品——纸杯蛋糕。

目光狭隘的行为

当我们只关注当下时，我们往往会目光狭隘，做出一些往后会追悔莫及的选择。在醒来时，我们会思考一整天的目标，却不会思考整月的目标，至少很少有人会这样做。在浏览餐厅菜单时，我们会思考今晚甜点的卡路里值是否合理，却不会考虑过去两周的甜品消耗情况，以及未来两周的甜品消耗情况。当孩子大叫着要手机时，他才刚刚学会清楚地说出这个单词，足以让父母以外的人理解，我们或许会立刻打开《火车头托马斯》的视频让他们安静下来（至少我这样做过）。我们没有想过要为孩子营造一个远离电子产品的童年。我们在日常生活中做出的某些决策有时会与我们的目标背道而驰，因为我们把重点放在了现在，而不是未来。

我想知道目光狭隘是否会对我造成影响，因此我转换角色，把自己当作实验对象。此外，我也召集了一些我的学生，同时对他们进行研究。我们穿上实验服，像动物学家珍妮·古道尔一样对自然环境中的自己进行观察。我设想了目光狭隘会影响到我的几种不同方式，学生们也认为这些方面值得探索。因此，我们25个人持续两周记录自己计划之外的花费。

马克斯打算记录自己在金枪鱼三明治上的花费，哈特杰想要知道自己购买电子烟的频率，另外的学生们则想要了解他们在外卖、出租车和衣服上的花销。我对自己金钱的流向知之甚少，但我知道自己总是会把钱花光。所以，我在手机上设置了一个提醒，让它每隔4个小时问我一次，这4个小时里我买了什么。

最终的结果让我们每个人都十分惊讶。

我发现，当我回答手机的问题时，有大约 1/4 的情况会有一些计划之外的花销。这两周时间里，我所有计划之外的花销都是在食物上。其中一半的情况是：我本想带着午餐去公司，但在出门前却没有打包，当我经过一家面包店时味蕾便会被唤醒，几乎每次都是这样。另一半的情况是：通常情况下，早上都有人帮我煮咖啡（谢谢你，彼得），但是我还是经常光顾办公室隔壁的咖啡店。

此外，我还记录了自己产生计划外的花销之后的感受，结果发现我的感受主要有以下 3 种。1/3 的情况下，我会明目张胆地将这种行为合理化，"我必须得吃东西，至少这有益于身体健康"。另外 1/3 的时间里，我会将其归咎于疲惫，"今天早上的第三杯咖啡，我肯定是忘记为自己计数了"。最后 1/3 的情况下，我会感到罪恶羞愧："买这个杏仁羊角包本来是想和马修、彼得一起吃的……但最后没有和他们分享……我真是个坏妈妈"或者"都怪这个无花果核桃棒，吃了三口我就觉得自己本不该把卡路里或钱花在这个上面"。

我的学生们与我的经历也十分相似。在追踪记录和整理后，雨晴（音）发现自己在午餐上的花销是自己预算的将近两倍，35 美元的汤和沙拉当然不会帮她省钱。安娜也发现自己的钱有 35% 都花在了"非理性且昂贵的"食物上，这部分消费为 280 美元，而这 280 美元中的大部分都花在了咖啡和百吉饼上。加布丽埃尔发现自己是 Juno（美国网约车平台，已停业）的忠实用户，她每月在网约车服务上的花销与有线电视费不相上下。亚历山大发现自己的冲动消费中有 62% 都花在了鸡肉牛油果沙拉三明治上。

我们都不是算命先生,却在某种程度上知道会发生这样的事情。在开始实验之前,我们便已经预料到自己会屈服于一些意料之外的诱惑。我们估计自己意料之外的花销总体会低于 1 600 美元,但追踪结果显示,我们实际上花得更多。在这两周中,我们意料之外的花费大约为 2 400 美元,这一结果令人震惊,因为我们当中只有一半的人有稳定的工作。

这 800 美元的差距产生了真实的影响。在追踪记录的这 12 天里,我个人意料之外的花销为 75.3 美元。这笔钱虽不是小钱,却也不足以造成经济压力。但是当我将其转换成更有意义的通货之后,这笔花销让我心痛。这 75.3 美元相当于可以无忧无虑地和孩子在一起 5 个小时、两晚的约会或两节尊巴课(这可以消耗掉 4 000 卡路里,课后我可以毫不愧疚地吃更多无花果核桃棒)。这些欠考虑的决策会不断累计,最终产生肉眼可见的影响。

学生们只有在回顾账单总额时才能感受到冲动消费带来的影响。一位女同学计算了她觉得自己因此失去的东西:"我本可以把这笔钱攒下来去买一些好东西,比如化妆品。"一位咖啡爱好者意识到睡觉的成本有多低。另一位学生则觉得在让自己保持清醒的方面花销太大,但效果总是延迟,他因此对自己感到失望,这笔钱本可以在影院购买更多烤干酪辣味玉米片。一位男同学发现自己这两周的冲动消费金额足以购买三张纽约游骑兵队冰球比赛的门票,或者是以学生优惠价购买两张半《狮子王》的电影票,甚至可以在曼哈顿下城的金融区的酒店住两晚,余下的钱甚至还可以选择客房送餐服务。

对一些人来说,记录花销并进行回顾的过程就像天主教徒在大斋节期间进行和解一样。对于那些有悔意的人来说，他们发现了自己在日常生活中极易忽视的经济问题。对另外一部分人来说，这份经历是一桩好事。两位学生表示在了解了自己坏习惯的根源之后，自己的控制力更强、压力更小了。另一位学生在发现自己的真实花销与预测的相差无几，与预算保持一致后感到非常开心。还有一位同学一直认为自己是一个巧克力爱好者，却发现自己实际吃的巧克力比想象中的要少，她对此非常开心。

但我并没有在追踪自己花销的过程中感受到乐趣。时间一天天过去，这些感受并未让我改变自己的行为，也没有让学生们改变他们的选择。尽管我十分懊悔，但仍然会吃掉全部的甜点，并且还会在第二天继续购买。

出现意料之外的花销有诸多原因。第一，对于多花的小部分金钱，我们十分擅长将其合理化。一位女同学发现，当她想要打车而不是乘坐地铁时，她很容易便能找到6个理由为自己开脱，比如，打车价格低、担心坐地铁时遇到臭虫（这种担忧完全不合逻辑）等。或许最重要的原因在于每个决策带来的影响都微乎其微，不足以让我们在下一次改变自己的行为。我们做出的每一个选择都感觉像是一时的小错而不是大错。

当然，科学家已经证实，观察的过程会改变所观察的行为。员工如果知道老板正在看着自己，他们的工作效率便会提高。[4] 年仅5岁的孩子在身边有同龄人的情况下，就不太可能偷拿朋友的贴纸。[5] 博物馆的常客如果知道有人正在看着自己便会放缓步伐，但当他们感到自己不再被关注时，便会恢复自己一贯的模样。[6]

仅仅记录自己的每日支出是远远不够的。尽管我和学生们记下了自己的财务状况，以及卡路里摄入情况，但这对我们第二天的行为没有丝毫影响。当我回顾记录的数字时，我发现自己在实验第二阶段的花销甚至比第一阶段还要多60%。为什么会这样呢？记录行为并不会改变行为，因为记录本身会导致记录者目光狭隘。记录我在街角便利店（我知道在这里购买生鱼片非常冒险）购买寿司花了多少钱只会让我聚焦于那笔支出，从而忽略了整周的总支出。

我开始思考"记账对财务健康情况影响甚微"的情况是否仅发生在我一人身上。这种记录方式在生活的其他方面是否会更有帮助？例如，帮助我实现演奏一首歌的目标。

我将注意力从金钱花销转至时间花费上。我对手机进行了设置，要求它在一个月内每天提醒我一次、两次或三次，具体频率由手机选择，它会问我自从上次它问完之后我是否练习打鼓了。如果是，它还需要询问每段练习结束后我对自己的感觉如何。我用整理4月15日（报税截止日）之后的报税文件的方式对自己的练习报告进行整理，它们被毫无条理地放在一个大文件夹里，我知道它们的大致位置（我很庆幸国税局没有要求看详细的文件。我将纳税申报单寄出后，便没有再翻找过这些文件）。

收集了一个月的数据后，我主动去翻找那些练习报告。我打开办公室的门，坐在桌子旁，将报告从手机导入电脑，以便分析数据、整理结果。我发现，我回答问题的频率平均为每周两次，有时会有空白记录。空白记录说明我的音乐学习被搁置了。如果我练习了，我一定会留下记录。然而，我发现那个月我的练习次数为10次，也就是每周练习 2~3 次。我十分震惊且深感自豪。正在那时，我的一位学生路过办公室（办公室门敞开着），看到了这一幕，我们就自信与自大这个问题简单地聊了一会。

我又回看了一遍之前的记录，这次我重点关注自己情绪状态的变化。开头的分析非常容易，因为在前三次练习后手机问我感受如何时，我都选择了拒绝回答——记录上提示的自然是一片空白。我想，如果当时我记了自己的感受，那么我当时用的单词一定不适合在书里出现。第四次练习结束后，我发现自己哭了，或许是因为焦虑和骄傲两种情绪交织在一起，因为我记得在那次练习时彼得告诉我："你太棒了！我可不是在故意抬高你！"

我从报告中发现，在得到他的称赞后，我对自己进步的满意度大大提升。之后的练习中，我感觉更好了，然后开始有点骄傲，并感到前所未有地好。这真是一个奇迹。我以打鼓生涯中最令我骄傲的一刻达成了这个目标。我的手机记录了那一刻——2月10日晚9点35分。我相信即便没有记录我也会记住这一刻：马修第一次跟着我的音乐跳舞！刚开始，我还在因为让还是婴儿的马修熬夜听我练习而感到愧疚，但敲出真正的音乐让我精神振奋。之后，我动力满满地准备进入下一阶段。在下一阶段的练习中，我尝试协调肢体，让它们同时做三种不同的动作。我在手机里记录的感受是：我觉得自己的脑子已经转不过来了，但还不至于完全停止工作。在接下来的两场练习中，我很开心自己的协调性已经没有那么差了。当这30天的练习结束时，我的最后一篇报告中记录的感受是十分骄傲。我觉得自己很棒！一晚上断了三根鼓槌，虽然它们并不是在我练习时断掉的。至少我帮彼得把鼓槌打得松动了。

我很想说记录行为能够帮助我不断自省、感受到自己的进步。但其实并没有。某种程度上，我对练习时间的记录与记账十分相似。记录的时候我并不知道自己是省了更多的钱还是花了更多的钱，也不知道自己是否高效地练习了打鼓。聚焦于每日所做的事情并没有增强我的洞察力，也没有对我起到激励作用。

但是，通过将这个月的经历拼接在一起，我觉得自己受到了前所未有的鼓舞。回顾过去、关注这段时间自己的变化鼓励了我。从第一天到第二天，我的进步微乎其微，有时甚至会在前进几步后经历退步，很难看到向前的动力。但是当我们回顾整个过程，一切都变得更加清晰。当我们以开阔的视野看待自己的选择时，我们会看到它们发展的轨迹。至少对于我来说，当我全面回顾过去、打开视野、反思整个月而非单独一天的进度时，我发现自己的脚步从不慌忙，虽然我在"上山"时遇到了阻碍。只有通过回顾整段时间的经历，将自己的选择与另一种选择进行对比、权衡，方向才会更加清晰，我才会更加充满动力。

翻转胶片

我并非第一个意识到开阔视野的影响的人，这一说法也并不是由心理学家提出的。实际上，开阔视野这一说法最早可追溯到1928年，是一位19岁的少年罗伯特·伯克斯提出的。当时，伯克斯在华纳兄弟影业的特效部门工作，那是他的第一份工作。他加入团队的时机非常好。与其他制片公司一样，华纳兄弟当时也属于好莱坞的"穷人巷"制片公司，"穷人巷"是对许多濒临破产的制片公司的称呼。华纳兄弟拍摄了许多硬汉和牛仔题材的电影，而这些电影很可能最终都没办法在院线上映。

华纳兄弟当时正处于转型期。山姆·华纳说服自己的兄弟不要局限于静态影像，并制作了第一部有声电影《爵士歌手》。尽管山姆·华纳在电影首映的前一天去世，他的兄弟们也没有出席电影的首映式，但正是凭借这部电影，华纳兄弟成功脱离了"穷人巷"，赚得盆满钵满，从此开始迅速发展，公司前景十分广阔，伯克斯的职业生涯亦是如此。工作的第一年他便被提拔为摄影助理，接下来的10年里，他磨炼自己的摄影技术，开始领导特效制作团队。40岁时，伯克斯被提拔为摄影指导，成为当时最年轻的得到电影行业官方认证的摄影指导。

在四五十岁时，伯克斯成为著名导演、编剧、制片人阿尔弗雷德·希区柯克的御用摄影师，带领摄影团队完成了希区柯克执导的8部电影的拍摄，并借助《捉贼记》一举成名。在拍摄这部电影时，伯克斯使用VistaVision技术（在当时是一种新型电影拍摄技术，主要特点是将35毫米胶片横过来使用）进行拍摄，之后他又用这一技术拍摄了4部电影。伯克斯将胶片以横向而非纵向的方式进行放置，并使用了广角镜头。通过这种方式，底片上可以投射出更多的画面，最终的成像也更加清晰、聚焦，整个视觉框架内的事物都可纳入镜头之中，包括近景、中景和远景。之前，摄影师在拍摄《北非谍影》这类电影时，总是无法同时清晰捕捉到位于酒吧后方的顾客头顶的红圆帽和前方站在钢琴旁边的亨弗莱·鲍嘉。但是通过使用 VistaVision 技术，在《捉贼记》中，即便镜头对焦的是格蕾丝·凯利和加里·格兰特在地中海沿岸的悬崖边奔跑的场景，观众也可以清楚地看到背景中在法国蔚蓝海岸沙滩上晒日光浴的人。伯克斯也因为使用这一变革性的技术和摄影特效而获得了自己的首个奥斯卡金像奖。

我们的大脑中虽然并未装入胶片，但眼睛和大脑能够创造出类似 VistaVision 的视觉体验，根据需要通过开阔视野的方式看世界。为了实现这一目标，我们应该在集中精力做某件事的同时关注位于自己视野边缘的东西，通过"广角镜头"看世界，将周围所有的元素都纳入我们的观察范围中。就像罗伯特·伯克斯为希区柯克拍摄电影时所使用的方法一样，将周围的所有事物记录下来。

下面我将以艺术家查克·克洛斯的画作为例进行说明。克洛斯患有一种神经障碍疾病——面孔失认症，这种疾病令他无法通过相貌识别他人，但克洛斯仍然通过绘制肖像画获得了国际认可。

克洛斯找到了一种独特的方式克服自己的面孔失认症。他将画布分解成网格，用人像照片作为参考，确保画布上的网格与照片的像素一一对应。他将注意力缩小至描绘每个像素的阴影、轮廓和色彩。他全神贯注于人像的鼻子和眼睛之间的小块皮肤，并把这部分皮肤转化为 6 个毗邻的像素，每个像素内都有几个粉红色和棕色交替渐变的同心圈。当他聚焦于嘴角上翘的部分时，他会看到圆形、三角形、豆形的光影区域，他将这些形象放大并画下来。他的画作往往是由各种小图形拼接而成的，观赏者只有退后一步，以更广的视角看整幅画，才能看清他的画作。

选择正确的工具

我在前文解释了聚焦的好处，我无意引发冲突，但这或许确实会引发一些问题。我刚开始建议大家全神贯注于自己想要的东西，现在却建议开阔视野，这绝不是为了让大家感到困惑。我们需要学会使用多种工具，就像前文中所说的，在不同情况下，某种工具的使用效果要比其他工具更好。艺术家的调色盘里不会只有一种颜色，厨师的刀架上不只有剁肉刀，一个高级酒窖里不只有来自法国南部的玫瑰红葡萄酒。有时聚焦会更加有效，有时开阔视野则更加有效，本书中提到的所有策略都是如此，关键在于要在正确的时间使用恰当的策略。在接近终点时，聚焦能够更好地激励我们；而在开始阶段，开阔视野则能够更好地鼓励我们。

以下面这项研究为例。来自荷兰的学生们参加了一个无聊的单词游戏，好处是完成后便可获得金钱奖励。[7]他们答对的问题越多，得到的金钱就越多。我大学时期的零花钱少到只能勉强维持生活，如果是大学时的我，我一定会开心地抓住这个轻松赚钱的机会。这些学生似乎也是如此，因为他们都把这个无聊的单词游戏玩到了一定等级。但在这项研究中，科研人员关注的是学生们完成每个游戏阶段的用时（学生们对此并不知晓）。从之前的研究中，研究人员了解到，当玩家受到鼓舞时，他们的休息时间更短。在这个研究中，研究人员想要知道，如果学生们一心关注自己与终点之间的距离，是否会让他们更加充满动力，鼓励他们更快完成任务。

这并不是一场赛跑，因此没有终点线。为了创造跑步者在接近终点时的视觉体验，研究人员制作了一个布满小点的进度条。学生们每完成一个单词游戏，就消失一个小点。也就是通过视觉信息展示未完成的任务，在所有的小点都消失的那一刻，游戏便结束了。

这种将注意力集中于终点的方法是否能够激励学生呢？别忘了，这种方法可是激励了巅峰速度田径俱乐部的成员和琼·贝努瓦·萨缪尔森，帮助他们夺得了冠军。这些参与单词游戏的玩家也是如此。在临近终点、将注意力集中于自己与目标之间的距离时，他们的速度会更快、表现会更好，获得的金钱奖励也会更多。但如果在刚开始就使用这一方法，效果便会适得其反。如果他们在开始阶段就过早地关注终点，达成目标的进度便会放缓，也会不断犯错，最终获得的金钱奖励也更少。

在我和我的学生马特·里乔所做的一项研究中，我们调查了一些参加过 3 届纽约跑步者协会组织的比赛的人。他们之中，最年轻的只有 20 岁，最年长的则有 70 岁。他们的平均跑步速度保持在约每千米 5 分钟，每周训练距离约 29 千米。因此，他们有能力完成 6 千米、10 千米、15 千米的比赛。他们告诉我，在比赛不同阶段，他们集中注意力的方式也有所不同。这些经验丰富的运动员在起始阶段和临近终点时会采用不同策略。在最后 1 千米，将近 60% 的人会选择聚焦，而非开阔视野；但是在起始阶段，超过 80% 的人会选择开阔视野，而非聚焦。这两种策略都行之有效，对他们完成赛程都至关重要。关键在于他们需要了解在何时选用哪一种策略。

开阔视野会让我们的决策更加符合长远目标，帮助我们抵御现在看似很棒但事后会后悔的诱惑。实际上，一些非常成功的减肥项目

（帮助人们抵御诱惑、减轻体重并保持身材）都会鼓励客户开阔视野。客户吃东西时需要基于食物的卡路里值、营养值支付积分，可每天的积分有限，这会让他们在吃一餐时思考其他几餐，将每日的积分分摊到每顿餐食上。他们没有将注意力集中到桌上的食物，而是选择开阔视野，着眼于一日三餐。有些项目还鼓励客户将未使用的积分存起来供第二天使用。积分在一周内均可使用。从而让人们在做每日选择时，也会考虑到每周的选择。

开阔视野鼓励人们从更广的时间维度去思考问题，这可以帮助人们做出更符合长远目标的决策，即便是在没有项目监督的情况下。芝加哥大学的两位研究人员"厚着脸皮"向路人分发巧克力或胡萝卜。[8] 摊位附近放置宣传海报，研究人员用了两种不同的表达进行促销。一张海报上写的是"春日食物摊位"；另一张海报上写的是"4月12日食物摊位"。尽管其他设计一模一样，两种不同的文字却影响了路人的心理。

"4月12日"这个表达会让人们缩小注意力范围，而使用季节描述则会令人开阔视野。思维模式的不同影响了人们的选择。当海报上的文字是"春日食物摊位"时，选择胡萝卜的人更多，选择巧克力的人更少；当海报上的文字是"4月12日食物摊位"时，选择巧克力的人更多，选择胡萝卜的人更少。指出具体日期会让人关注自己当天的选择，促使人们选择自己当下喜欢的东西；而指出季节则会让人开阔视野，鼓励人们在做出当下的选择时考虑到未来的目标。开阔视野会促使人们将当下的选择与长期健康目标相结合。

开阔视野和寻找模式

开阔视野能够让我们发现更广阔的模式,如果我们单独考虑某一个决策或事件,便很难发现这种模式。在为退休生活进行经济决策或规划时,会表现得尤其明显。

存养老金意味着我们在为遥远的未来投资。如果我们的目标是"长期收益远高于投资组合的短期损失",那么市场分析师认为,实现这一目标的最佳方式是投资股票而非债券。长期来看,股票投资的收益率要远高于固定收益债券。

让我们来看看标准普尔指数,1926年,标准普尔指数覆盖的范围为99种股票;1957年,该指数覆盖的范围扩大至500种。如果你在1925年向标普指数追踪的大公司股票投资了1美元,那么考虑通货膨胀因素后,其价值已将近450美元。[9] 相比之下,如果你持有20年美国国债,那么你在1925年投入的1美元,如今的价值还不到10美元。换言之,股票的收益要远超债券收益,即便经历了21世纪初的股市大跌和经济危机。那么,是否还有其他投资选择(风险较低,因此收益也相对较低的)呢?如果你有亲人经历过"咆哮的20年代",并在当时决定用那1美元购买黄金,那么如今便可以以稍高于4美元的价格将其卖出。多年来的持有并没有为持有者带来很大的回报。假如这位亲人把这1美元放在了床垫下面,你花了好久才找到它。虽然有些破旧,但它还是1美元,不过如今它只能购买7美分的东西了。

大多数人都知道,长期来看,投资股票是一个不错的投机选择,但很多人无法将资金稳定地投入其中。

研究人员发现，人们通常无法长久地持有或购买股票的原因之一是：新手总是时刻关注自己的投资组合的收益，并且总是对此大惊小怪。[10]他们将注意力集中在每日股价的变化或者是每月股价趋势图上。但股票都自然会有跌有涨，很少有股票是一路不停上涨而从未下跌的。当我们回想起自己漫长的工作时间、被放弃的假期和为了挣钱将薪酬投入股市时，股价的下跌让我们心痛不已；但同等幅度的上涨只会让我们感到些许的快乐。这种反应非常普遍，科学家将这种倾向称为损失规避。

如果我们频繁地关注自己的股票投资组合，只考虑短期收益，那当我们在审慎地评估自己的养老投资组合时，便会规避股票这种投资方式。但是如果我们能够长时间不去关注自己的投资组合，比如每年看一次，那么一两次小幅度下跌带来的痛苦便会减少，我们便可以更好地从长远角度评估每只股票的表现。通过开阔视野，以更长远的目光评估自己的投资组合，我们可能会发现自己将更倾向于股票投资，我们的养老金也会更多。

开阔视野与时间管理

有一个学期，我教一群兴趣广泛的大学生什么是动机原则。一些学生计划将课上讨论的策略用于之后的客户诊断当中；一些学生则对这些策略进行了调整，将其应用于教育当中，帮助学习较差的孩子；

另外一些学生则将其应用于企业，帮助企业提升在行业中的地位。总的来说，我的学生认为他们及未来的客户有一个共同点——都可以通过时间管理受益。这群学生决定通过一个私人项目测试自己在聚焦和开阔视野时的反应，并评估自己的目标进展状况。在我们进入理论学习之前，所有人都设立了一个一周目标。这些目标均可以在7天内实现，且对于他们来说，这些目标都非常重要。一位学生说她希望能够从零开始参与一部电影的制作，一位学生说她想要策划一场由她主持的校园活动，另外一位学生想要完成研究生申请的作品集，还有一位学生的目标是减掉1.4公斤的体重。

他们都使用了目标具象化策略，和自己签订了一份类似合同的文件，在文件中他们分别明确了自己的目标。然后，他们便开始聚焦于自己的目标。他们将笔记本放在床边，这样每天早上他们就可以制订当天的计划，每天晚上都可以回顾当日进展。他们起床后会列出自己当天的任务清单和可以做什么事来推动目标达成。想要策划校园活动的学生说自己要打电话确定场地预定的情况，想要成为制片人的学生说她要找制作人讨论预算相关问题，申请学校的学生说他要修改个人简历，想要减肥的学生表示下班后要去上运动课。他们都确定了自己的当日总体规划并确定了自己执行任务的时间。每天睡觉前，学生们都会回顾自己的目标进展。他们回顾自己的一天，评估自己花在目标上的时间。第二天，他们又会做同样的事情，直到一周结束。

第二周，他们会重复前一周的动作。他们在第一天早上确定目标，但是这次我们改变了他们确定目标和分配时间的方式。这次，我们鼓励他们开阔视野，不再聚焦于一天内能够完成的事情。他们在一开始便会列出实现本周目标所需要完成的所有任务。每位学生的任务清单至多不能超过 9 条。然后，他们会对整周的时间进行规划，思考每天的具体计划，确定每天起床后到睡觉前的必做事项。他们及时为与新目标相关的每个任务都规划了时间。比如，周二早上 9 点给制片人打电话；放学后与晚饭前之间的两个小时用于修改研究生申请表；工作日的午餐后是健身时间。与之前一样，学生们在每晚睡觉前都会回顾自己完成当天任务的用时情况。

两周结束后，学生们提交了笔记。当我统计他们的进展，比较第一周与第二周的情况时，结果令我十分震惊。通过开阔视野这一策略进行任务规划时，2/3 的学生在完成与目标相关的任务时使用的时间更多。整体来看，相较于聚焦于自己每天想要完成的任务，通过开阔视野的方式进行规划时，学生们在完成目标上花费的时间要多出两个半小时。

学生们的经历并非个例。大约 35 年前，一组学术专家每周都会与一群大学生见面，教他们一些学习技巧，如此持续了将近 3 个月。[11] 他们一起绘制流程图，确定目标和完成任务的时间与地点，找到那些做到后能够让自己感觉良好的事情，以及如何奖励自己。部分学生采用开阔视野的策略，他们将流程图以周为单位进行划分，并为每个月设置重要节点。另一部分学生则采用聚焦策略，他们也设置了重要节点，但将目标完成的节点具体到每天。无论是通过哪种策略进行规划与追踪（或具象化），都对学生的学业有很大的帮助。一年后，相比没有参加这一项目的学生，这两组学生的辍学率都相对较低。但是，相较于采用聚焦策略的学生，采用开阔视野的策略的学生成绩更好。

实际上，后者的绩点更高。以月设置节点的学生，平均绩点为3.3，而以每天设置节点的学生，平均绩点为2.4（与没有制订计划的同学的绩点相差无几）。

开阔视野能够帮助这些学生提升成绩的主要原因在于：能够防止他们低估完成目标的难度。我们必须承认，我们根本不善于规划目标实现过程中的真实所用时长。悉尼歌剧院的完工时间比建筑师预计的时间多10年；波士顿大隧道工程（将一条高速中心干道转变为地下隧道）比预计时间多用了9年；蒙特利尔市市长让·德拉波表示要为1976年奥运会修建一座现代化体育场，体育场计划采用史上首个可开合屋顶，但是直到该届奥运会闭幕后13年，这个屋顶才最终完工。当然，你可能会说，这种大规模的项目从来不会按时完工，我们无法提前预测政治因素和经济衰退的影响。但就个人目标而言，只有我们自己会影响它的完成情况，大环境的因素对此毫无影响。但令人遗憾的是，在能否按时完成目标方面，我们与公司和政府并无两样。努力按时完成调研项目，为成功毕业而奋斗的学生们在进行时间规划时，实际耗时至少比计划多3周。[12] 开阔视野能够帮助我们将大型项目分解成多个小部分，帮助我们更好地把这些小目标安排到忙碌的生活之中。

成为自己的心理医生

"这简直太疯狂了！5位奥斯卡奖得主坐在同一张餐桌上。我们都身穿燕尾服。我不知道自己吃了什么，但是我希望能吃到一份鸡蛋三明治或类似的食物。然后，我们就去工作了。"

这不是我的周一。

我正在和动画设计师帕特里克·奥斯本共进晚餐，他凭借导演处女作《美味盛宴》获得了奥斯卡金像奖最佳动画短片奖。奥斯本向我讲述了每年最光鲜亮丽的洛杉矶派对的细节。

我告诉奥斯本，我第一次观看《美味盛宴》时哭了，之后又看了4次，每次都会哭。我太爱这部短片了。这部短片时长6分49秒，主人公是单身男性詹姆斯和一只被遗弃的波士顿小狗温斯顿，他们在黄色霓虹灯下吃着爆米花、意大利辣香肠和墨西哥玉米片，我也不知道为什么这一场景会引起我的强烈共鸣。我向奥斯本承认，我曾经偷偷将自己的零食带进影院，我不喜欢意大利辣香肠，我不是单身人士，我喜欢把食物装在环保袋里而不是纸盒子里。表面上看，我与影片中的主人公没有丝毫共同之处，但是我仍然觉得这就是我的故事。他说："我知道，我故意创造了这种效果。"

奥斯本以小狗温斯顿的视角进行创作，镜头距离地面还不到30厘米。从这个角度，我们能够看到桌角、门被打开时的底部还有女服务生柯比的鞋子（在短片里，詹姆斯和柯比相爱了）。还有几个场景展示了各种面孔、周围的房屋、人物服饰等一系列会让我们觉得这是其他人的故事的场景，而这也可以是我们的故事。这个作品的伟大之处就在于观众很快便会融入故事之中。

他是通过食物来达到这一效果的，影片的大部分内容都是温斯顿吃东西。刚开始，詹姆斯领养温斯顿时给它喂的是狗粮。这些"家常"饭菜比温斯顿之前在街边垃圾堆里翻找到的食物美味多了。温斯顿在第一次尝到培根时的反应与人类的反应毫无差别。没错,温斯顿,这就是天堂!我非常同意。在那之后,温斯顿便吃不下干巴巴的狗粮了。它开始吃意大利面和肉丸,夜宵是又松软又黏稠的花生酱三明治,它在酒吧里吃到罕见的汉堡,在复活节吃火腿,在观看重大赛事时还可以吃到蘸了酱的薯条。

但是,自从詹姆斯遇到柯比,一切便不同了。温斯顿只能在亚麻桌布上吃有香菜点缀的豌豆蔬菜泥、芹菜根和菠菜。随着卡路里摄入的下降,温斯顿的精气神也越来越差。直到有一天晚上,詹姆斯开始狂吃垃圾食品:草莓冰激凌、速冻华夫饼、甜甜圈和微波炉烹饪的芝士通心粉。食物变化的原因对于身为观众的我们而言显而易见,但温斯顿花了很长时间才意识到:詹姆斯和柯比分手了。

是香菜让温斯顿意识到这一点的。柯比在每顿饭中都会加一把新鲜的香菜。即便她会减少温斯顿的餐食中煎鸡蛋和干酪的分量,但总会在每顿狗粮中加一把香菜。当詹姆斯看到一盘放了香菜的意面后,他忍不住哭了起来,温斯顿才明白过来。它一把从詹姆斯的手中夺过香菜,跳出窗户,一路跑到柯比工作的餐厅。詹姆斯穿着浴袍和四角裤,看起来非常糟糕,温斯顿帮助他找回了失去的爱情。镜头切换到下一场景:温斯顿穿着燕尾服、打着领结,等待着自己的那份婚礼蛋糕。他们搬进了新家,温斯顿有了一个新饭盆,里面只有粗磨狗粮,没有任何配料。温斯顿笑着睡着了。醒来后他发现有一个肉丸向他滚来,上面沾满番茄酱,看起来非常美味。它抬起头,看到高脚椅上有一个婴儿正在慢慢地拿起另一个圆滚滚的、滴着酱汁的肉球,扔到温斯特张大的嘴巴里。这就是一见倾心!

奥斯本旨在通过食物讲述整个故事。这是一个关于爱与失去、失而复得的经典故事。整个影片都是以从下向上仰视的角度拍摄的,不同的食物代表着不同时期和多个意义重大的时刻。奥斯本告诉我:"里面的食物,包括单身汉的晚餐、努力让对方印象深刻的第一次约会的晚餐、每日简餐、分手餐、浪漫的晚餐……通过这些食物,你可以详细地了解一个人的生活。"

奥斯本继续解释《美味盛宴》的灵感来源。我真希望自己的工作能够有他的一半那么有价值。

"当时我正在参与一个 App 的公测。这款 App 能够把很多一秒钟的视频拼接在一起,制成一部影片。我想,如果我用它来记录自己的生活,或许会更了解自己。当天,我便拍摄了我的餐食。我坚持每天拍摄,坚持了整整一年。当我看到最后剪辑出的 6 分钟饮食记录时,我简直难以相信,我的伙食太差劲了!"

奥斯本非常健康。至少在我看来,他身材十分健壮。他告诉我,他去检查了自己的 DNA(脱氧核糖核酸),结果发现他天生适合短跑,但他"违背"了基因的提示,他坚持每天在好莱坞山跑步 3 千米,并与沿途的路标击掌庆贺。他看起来与我不一样,不是那种会舔手指上或盘子里的藏红花蒜泥蛋黄酱的人。所以,当奥斯本告诉我他不喜欢便餐时,我有些质疑他对自己的看法。

他说:"记录一整年的晚餐让我进一步了解自己为何会在大学毕业后每年的体重都会增加几公斤。其实说这个是开玩笑的,实际上,通过这种方式,我觉得自己的生活很好。不仅仅是因为吃得好而心存感激，同时也感激享受美食时的多样化环境，还有和我一起吃饭的各种各样的人。他们代表了我的整个生活，当我看到这些时我会心存感激。当你退后一步，以更广阔的视角看待自己的选择时，整个模式便会更加清晰明了。"

开阔视野有助于提升记忆力和决策质量

激励奥斯本关注自己生活模式的 App 是"每天一秒钟"，由出生在秘鲁的日裔美籍艺术家栗山·塞萨尔开发。"每天一秒钟"会从用户每天的视频片段中截取 1 秒钟。随着时间的流逝，视频片段的数量会不断增加，这些视频片段常常反映出用户多姿多彩的生活。这个 App 会将视频片段串联在一起，形成一个视频集。播放这个视频集，你便可以看到自己每天的生活。

栗山在自己 30 岁生日那天受到启发，开发了这款 App。他在一次晚餐中告诉我："我总是忘记生活中做过的事情，我讨厌这样。我知道自己将要辞职，我攒了够用 1 年的钱打算去旅行，但是我不想忘记这次旅行，其实 20 多岁时的大部分旅行我都已经忘记了。我想要一个关于过去的日记，但这也不管用，我无法坚持。所以，我设计了自己的方式去留下这些回忆。"

他做到了。刚开始，栗山对电脑编程和设计一窍不通。他在大学时学的是电影与图像艺术。为了这个目标，他开始在网上学习如何开发一款 App。栗山知道自己需要资金去落实这个项目。他认为 20 000

美元就足够了。不到 1 周的时间，他便通过众筹平台 Kickstarter 筹得了这笔资金。在接下来的 3 周里，Kickstarter 上又有 11 000 人认为这个项目极具潜力，这些人又为这个项目投资了 40 000 美元。不到 1 年，栗山便开发出了一个 App，包括奥斯本和我还有全球 200 万人都下载了这个应用，并从中获得了激励。

在我写这本书时，栗山坚持每天记录一秒钟的习惯已经持续了 8 年之久。我问他如何选择每天记录的片段，他说："任何事情都可以。我们都很擅长找到生活中最好的一面与大家分享，却很少记录不好的片段，例如那些失望、悲伤、气愤、愧疚的时刻，感到尴尬的时刻和心情低落的时刻。但这些也是我们生活的重要组成部分，这就是我们每天的生活，这也是为什么这款 App 的名字叫'每天一秒钟'，我们要记录每天的生活。"

我使用这款 App 的时间远少于栗山，但是我和他的使用方式却截然不同。我并不想拍下我坐在架子鼓前，想要让鼓槌离开鼓面，努力想跟上节奏，却因为自己的笨拙而感到灰心丧气、泪流满面的样子。虽然我的手机防水（我参加一场派对时把手机掉进了泳池里，后来我买了一个新款防水手机），但是我不想测试这个新手机能否承受得住我拿着鼓槌时脸上不断流淌的眼泪。我将哑鼓垫当作杯垫放置清晨的咖啡，完全忽视了这个提醒我练习打鼓的提示物。我不想记住自己是多么容易放弃。

我问栗山为什么他想要记住人生中的痛苦时刻（我完全不想）。他说："人生苦短，回味生活的每个方面能够让我更加感激自己经历的每一个时刻。"他向我讲述了他人生中的一段经历，那是在他开始记录的第一年捕捉到的画面——对着空无一物、没有人、没有声音的墙面拍摄的一秒钟视频。这对我来说毫无意义，但对他来说意义重大。那堵墙是他得知自己的嫂子患了绞窄性肠梗阻后走出病房的那一刻看到的。肠内血液无法正常供应令她痛苦不堪。在急救室里，她有好几次与死神擦肩而过。"我们不想记住不好的事情，但是这可以帮助我们更加感激生活中好的一面，提醒我们时光短暂易逝。当我观看自己制作的生活视频时，我会看到时间的流逝，我会记住每天都非常重要，每天都可以开始做一些重要的事情。"

我问他每天录两秒不行吗？栗山回答道："那样的话，回顾 1 年的生活就需要 12 分钟，相当于半集《宋飞正传》了，有点长。"

许多社交媒体平台都想尝试做与"每天一秒钟"类似的事情。它们各有特色，为人们提供了一个分享经过精心筛选后的生活的平台。人们将记录每天的生活状态、自己所做的事情、自己身边的人、自己的感受的视频片段串联在一起。有一些片段会被剪掉，留下什么、剪掉什么并不是随机的，而是经过精心筛选的，被留下的通常都是生活中一些快乐的、有趣的、令人印象深刻的经历。

来自南加州大学和印第安纳州大学的计算机科学家分析了约 800 万推特用户发布的 2 000 万条推文，将推文所传递的情绪打上标签。[13] 他们发现，大多数推文都是持中立态度的，积极的内容比消极的内容多 60%。此外，他们还发现，传递积极情绪的推文的点赞数是传递消极情绪或中立情绪的推文的点赞数的 5 倍，前者的转发数比后者多 4 倍。人们发布的积极内容远多于消极内容。

"每天一秒钟"通过设计鼓励用户记录更具代表性的记忆，让用户养成避免在选择时有意倾向于积极内容的习惯。鼓励用户记录每日生活（即便是糟糕的一天）的某一部分，用户很难仅仅记录日常生活中积极的一面。

为了证实这种策略是否适用于除了栗山以外的人——同时记录积极情绪和消极情绪能否帮助我们更好地达成目标、保持愉悦心情，我找到了英国华威商学院的一位经济学专家尼克·鲍德哈维，他的主要研究方向是科技如何激励人们做出让自己快乐的事情。

我说："尼克，你是这方面的专家。人们往往在回味最激动人心的时刻会更加快乐、更加充满活力，而不是同时记录快乐的时刻和糟糕的时刻。这难道不是宠物视频存在的原因，以及我们会在宝宝大笑时而非尖叫时拍下照片的原因吗？"

尼克回答道："当然没错，不信你去看看我妻子为普特尼拍摄的视频。[1] 当人们回顾经历中最棒的部分时会更加快乐，但长期来看却并非如此。在翻阅照片时看到每个人都在开怀大笑，我们当时会感觉很快乐；回忆起在某次派对上和一位女孩谈话、自拍的场景时也会让我们感到快乐；看到自己新养的小狗睡觉的视频或许也会让我们感到快乐。但是当我们制订关于未来的计划时，不完整的回忆或许会让

---

[1] 我确实看了。普特尼是他们俩养的金毛寻回犬。我和将近 1 900 万的观众看了一个长达 2 分 40 秒的视频，见证了普特尼从一个圆滚滚的、毛茸茸的肉球长成一只又瘦又大的成年犬的过程。它的爪子很大，看起来有些比例失衡。我看到普特尼直面恐惧，它站在塑料水瓶上、婴儿安全门上还有崎岖不平的水泥板上。我理解它第一次看到绵羊时的好奇。当我看到它在后院的一场拔河比赛中获胜后，我也跟着开心不已。当看到它站着睡着、头朝地倒向水槽时，我咯咯大笑。普特尼的视频太棒了。

我们做出错误的决策。在这种情形下,'知识就是力量'这句话仍然适用。"

尼克又继续解释道,如果我们总是努力忘记让我们食物中毒的餐厅、没争取到的工作机会或者我们出口伤人的行为,那么我们可能会重蹈覆辙。同时记住好事和坏事能够帮助我们在未来做出更好的决策,这从长远来看会让我们更加快乐。

我深受启发。为了能够做出改变、继续前进,我将那天早些时候从空乘那里拿到的难吃的鸡肉卷(里里外外都是氧化了的蛋黄酱的颜色,上面还有绿色斑点,我分不清那是龙蒿叶还是霉菌)拍入了视频,目的是提醒自己不要再对飞机餐抱有什么希望。

回忆过去有助于优化未来规划的神经科学原理

神经科学家们写了许多关于他的书籍,他们在会议上谈论他、不远万里去见他。但直到他去世的前几年,他的真实身份才被大多数人知晓。当时,他们为了保护他的身份,将他简称为 K.C.。[14] K.C. 不是逃亡者,不是警方内线,也不是想要混进杂货店的名人,更不是想要隐姓埋名的人物。相反,他在一场严重事故中受到重创。K.C. 有一个非同凡响的大脑,他的大脑帮助研究人员发现了许多有关记忆如何储存在大脑中,以及人类为何会拥有记忆的极具开创意义的事实。K.C. 的大脑是首批说明回顾过去与计划未来之间存在关联的事物之一。

30岁时，K.C.骑着摩托车冲出马路，脑部遭到严重创伤，这种创伤非常罕见。尽管我从未见过他本人，但所有人都说，无论是在事故前还是事故后，K.C.都是一位极具魅力的、善于交际的人。他谈吐优雅、知识渊博，他知道007和詹姆斯·邦德是同一个人，他闭上眼睛依然可以生动地描述多伦多最高的塔，他能够清楚地解释钟乳石与石笋的不同之处——我认为这在与纽约人交谈时十分有用。尽管他经历了一场严重的事故，但他的大脑仍然十分灵活、敏锐，他对既定事实的记忆十分准确，在酒吧问答之夜中的表现也非常好。

K.C.的主要问题在于：他忘记了所有发生在自己身上的事情，也无法再创造任何新的记忆。只有一种记忆始终存在于他的脑海中，那就是事实信息，比如常识问答游戏中的问题。但他忘记了自己的个人经历。K.C.记不起任何自己见过的、做过的事情和自己在经历那些事情时的感受。例如，在发生事故的两年前，哥哥结婚的前一天晚上，K.C.烫了头发，家人们对此十分惊讶。如今，他记得哥哥结婚了，却记不起来自己曾出席了婚礼，以及家人们对他烫了卷发的反应。他也记得由于邻居的化学制品泄漏，自己曾与家人和另外10万居民被迫离开家10天，但他忘记了自己当时是害怕还是焦虑。他知道自己的哥哥因意外而死，而且他与哥哥非常亲近，却忘记了自己在哥哥去世时在哪里、是什么时候听到这个消息的、谁告诉他的，也忘记了他在葬礼上的感受如何。

K.C.也不会对未来进行规划。当医生问他在接下来的15分钟内、当天晚一些时候、下周或者余生想要做什么时，他回答说不知道。他说自己的大脑一片空白，就像他在努力回忆过去时会经历的空白一样。他不但无法回忆过去,也无法思考未来。

许多神经心理学家对 K.C. 的大脑进行了研究,同时也研究了那些经历相同事故和记忆障碍的患者的大脑。[15] 神经心理学家们还利用神经影像技术检测未受损伤的大脑,监控大脑内部不同区域的活动。结果趋于一致,证据也显而易见。负责收集过去记忆的神经回路与负责未来规划的神经回路几乎一模一样。无论我们是否用大脑回忆往事或者预测未来,前额皮质及部分内侧颞叶(海马体囊括在其中)都会保持活跃状态。

有趣的是,这些大脑区域与人们看自己在"每天一秒钟"上发布的视频时做出反应的大脑区域恰好一致。我听说过一个非常厉害的神经科学家,名字叫威尔玛·班布里奇,她一直致力于 App 用户研究。班布里奇非常聪明,她获得了 MIT(麻省理工学院)的大脑与认知科学博士学位。她非常繁忙,她所在的团队致力于制造与人类行为极其相似的机器人;她在耶路撒冷的一所高中教授计算机编程;她会说英语、韩语、阿拉伯语和日语;她还参与了日剧《人生重启》(一部心理剧,讲述了如果人生重启,人们会如何改变自己的生活)的字幕翻译工作。现在,她在马里兰州的美国国立卫生研究院做研究,在那里,她发现了人们会更容易记住某些事情却忘记其他事情的原因所在。她能有时间和我交谈是因为我在她排队买东西时"逮"到了她。

我问班布里奇是什么促使她去研究"每天一秒钟"的用户的,她告诉我她自己使用这个 App 已经长达 6 年了。她又继续解释道,她在看自己的视频集合时扫描了自己的大脑活动。结果如何呢?她说:

"我发现了自己用大脑哪个区域处理时间。"在回看视频的过程中，她记录了自己大脑中活跃的部分和对应的活跃的时间。她能够通过 X 光片一样的图像判断自己是在看很久之前的生活片段还是最近的生活片段。因此，她开始对"时间旅行"和"思考过去会对当下的我们产生何种影响"产生了兴趣。

班布里奇告诉我，她聚集了一群"每天一秒钟"老用户，他们使用这款 App 已经多年。其中一些人像她一样整整坚持了 6 年，一天都没有间断。她让这些参与者躺在功能性磁共振成像仪器下，同时观看各自拍摄的视频。班布里奇在监视器里观察参与者大脑不同区域的反应，她看到了神经科学家所猜测的结果：当视频中播放有关人的片段时，大脑中负责识别脸部的区域便会活跃起来；当视频中播放有关房屋或地点的片段时，大脑负责识别这些物体的区域便会活跃起来。

但班布里奇真正感兴趣的是人们是否只有在观看自己的视频时，才会产生特殊反应。于是，她又请参与者观看了 5 分钟其他人的视频。在这一组视频中，他们也会看到人物、房子和地点。视频中出现的人物均为陌生人，参与者对视频中的大多数地点也都不甚熟悉，但他们的大脑活动却几乎没变：负责识别脸部及建筑的大脑区域仍然十分活跃。但是，在观看自己的视频时，有几个人脑区域尤其活跃；而在观看其他人的视频时并未出现这一情况。当人们观看自己在"每天一秒钟"上发布的视频时，海马体及前额皮质的某一特定部位会异常敏感。这些部位便是 K.C. 在摩托车事故中受损的大脑区域。

将这些结果拼凑在一起后，我们便可从班布里奇的研究中发现：当人们在观看自己的视频时，他们在回忆自己独特的过往，这是任何人都无法重现的。但是，更有趣的是，当他们观看自己发布在"每天一秒钟"上的视频时，负责规划未来的大脑区域也在工作。

我计划坚持使用"每天一秒钟"1个月的时间，借此激励自己。每次我都会拍摄一小段自己独奏的视频。月初，我拍摄音乐的第一部分；月中，我拍摄音乐的中间片段；月底，我拍摄音乐的结尾部分。当这个月结束时，我将这些片段汇编成一段一分钟的视频，并回顾了整个视频片段。说实话，"每天一秒钟"并未帮助我达到预期的效果。我本来希望可以从中看到自己的改变，无论是好是坏，但一秒钟并不足以展示我能力的转变。我的确记住了自己有一次是从下面打到吊镲的，并没有以传统的握槌方式打到吊镲的外侧；我也从视频中看到了自己有一次在匆匆按下相机的录制键后从椅子上摔下去，但还是及时地敲击小鼓，开始演奏整首音乐。我发现自己总喜欢在周六练习打前拍，周日则会更偏向于练习基调强节奏，这种转变完全是无意识的。每天的视频只能记录一两段节拍，很容易将不准确的节奏解读为风格的转变。记录的片段太短，不足以让我了解自己能力变化的情况。即便我用"每天一秒钟"记录了自己练习过程中的糟糕时刻和高光时刻，但我无法通过这些片段了解到自己的能力水平的起伏。

但就像尼克所说，这些一秒钟的视频片段的确可以帮助我们纠正错误的记忆。我以为自己可以坚持每日练习，但通过回顾这些视频片段，我发现自己并没有；我以为自己在那个月的每个周末都能坚持练习打鼓，但实际上并没有。App自带的日历上的空白天数便是那些我本应该练习，但实际上却没有练习的日子。我的经历与班布里奇研究的参与者的大脑活动一模一样：当我回顾自己的视频片段时，尽管视频很短，但我同时也在为未来做计划。我听到自己演奏的音乐，感到十分羞愧，这种感觉并不好，尽管与开始时相比我已经有所进步。止步不前的原因是我没有坚持练习、没有不断提升自我。通过开阔视野的策略，我回顾了自己前一个月的练习情况，这种方式巩固了我的决心，激励我加倍努力地继续练习打鼓。

08
适时放弃

在马修学习名词的同时，也开始培养自己的兴趣爱好。有时，他的喜好会与我精心拟订的计划相悖。我将抚育子女的这一阶段称为"驯服狮子"和"与恐怖分子谈判"的结合。但是，作为一名母亲兼心理学家，我早就预测到自己迟早会将逆向心理应用在马修这头小野兽身上，并对自己有效应用这一策略的能力非常自信。但我只猜对了一半。

在一个工作日的晚上，太阳已经落山。马修身上黏黏糊糊的，满嘴都是晚饭的残渣。我把他赶进房间，想要让他睡觉。当然，我们也有睡前必做的事项，我不可能让他刚吃完晚饭就上床睡觉。我的目标是让他脱光衣服躺在浴缸里，但是他知道，洗完澡后便会被迫上床，所以他开始使用拖延战术。要求玩小卡车或积木已经行不通了，他对此心知肚明，他试着要求我给他讲故事。

此时，我陷入了一场和马修对峙的僵局之中。他将枕头堆叠成一座小山，站在上面，和我大眼瞪小眼。他说："讲故事！"就像所有刚学会说这个词并且知道其含义的小孩一样武断专横。

我说:"洗澡。"就像所有迫切想要让又脏又累的孩子洗漱完毕,赶快上床睡觉的妈妈一样,语气里充满希望。马修又继续说,"讲故事",我紧接着又说"洗澡"。

"讲故事。"

"洗澡。"

"讲故事。"

"洗澡。"

"讲故事。"

我决定借用自己在心理学方面的知识结束这场较量。马修低头看着我,等着我说"洗澡"(或希望我做出让步)时,我扭转了自己在这场"快问快答"式对话中的角色,说道:"讲故事。"

我差点就赢了!就像在慢镜头中一样,我看到马修将嘴唇后拉,他的小嘴已经做出"洗"的嘴型了。但是,在发出声音之前,他反应过来了,并把头歪到一边,咯咯地笑出声来,自信又开心地说道:"讲故事!"我躺在脏兮兮的马修身边,给他讲了几个有趣的故事,他心满意足地睡着了。

在我的人生中,我发现自己经常会在劝说他人接受自己的选择时妥协。学习放弃精心拟定的规划是人生课程的一部分,也是明智之举。但我们在设立目标时,是很难意识到自己可能需要放弃目标或改变目标方向的。

我们总是很难放弃自己决心实现的目标的原因在于:我们认为通往成功和快乐的道路只有一条。因此,我们中的很多人认为,一旦设定目标，那么只有当我们兑现自己的承诺时，才算获得成功。但是，成功并不一定是我们一开始认为的那样。当我们从追求单一目标的单一路径中脱离出来后，便会发现成功的其他形式。

那么，我们应该在何时尝试实现目标的新方法呢？我们在追求目标时可能会进入死胡同，那么有哪些标志可以帮助我们识别这种情况呢？有时，世界会告诉我们答案，我们只需聆听即可。

这就是史蒂夫·西姆斯的遭遇。他出生在一个建筑工人家庭，从小在伦敦东部长大，曾做过砌砖工，但他有远大的理想。他看到了行业发展的趋势，转行成为一名股票经纪人。6个月后，他努力争取调到香港分公司。

但争取到这份工作并不代表没有变数。西姆斯在一个周六飞到香港，周二便被解雇了。

西姆斯并没有备用计划。但是，凭借一身蛮力他成功应聘为夜店保镖。通过这份职业，他结识了许多香港名人和精英人士，并成为香港名流圈中的关键人物。他知道最棒的派对组织者是谁、最好玩的派对在哪里。他开始自己举办派对，人们纷纷前来参加。他还是想要进入银行业，为此，他带着写满名人大亨联系方式的罗乐德斯牌通讯簿来到银行。他认为自己与这些富翁之间的良好关系能够帮助他快速通过面试，在银行业谋得自己期待已久的职位。

结果却并未如他所愿。银行对西姆斯的客户名单十分感兴趣，但它们并不想雇用西姆斯来负责管理投资，而是想要投资他举办的各种派对，因为它们知道西姆斯的派对不仅能赚钱，还能让银行不断接触到有钱人。自此，西姆斯的派对不断发展壮大。之后，由于派对规模太过庞大，他不得不限制出席人员。受邀者会在派对开始前几个小时收到密码口令，进场时，受邀者小声将口令告诉门卫即可进入。西姆斯想要在银行业大干一番的雄心壮志破灭了，不过，高档豪华礼宾服务公司蓝鱼（以第一个大型派对的入场口令命名）就此诞生。

如今，西姆斯还组织了泰坦尼克号深海探险之旅和太空探险之旅。他曾经安排一位客户在纽约时装周的T台上走秀，还曾帮助一位客户体验詹姆斯·邦德的一天，其中包括接受性感女人的款待、在摩纳哥的街道上被间谍追赶、在地中海地区被海盗勒索赎金。为了让哈佛大学的两位教授体验赛车碰撞的感觉，他组建了一个专业赛车团队。西姆斯帮助许多亿万富翁实现了他们不切实际的梦想，而这一切都始于他对自己的梦想的放弃。

学会放弃，获得成长

希奥多·盖泽尔在拉由拉家中的书柜后面有一个衣橱，里面存放了上百顶帽子，羽毛装饰的、绒毛装饰的、缎带装饰的、铆钉装饰的……应有尽有。他还有一顶捷克巴洛克风格的头盔、一顶塑料的玩具维京帽、一顶白色的行进乐队毛皮高顶帽、一顶黑白相间的囚犯帽、一顶小型墨西哥宽边帽、一个尖顶盔和一顶用羽毛装饰的软边帽。

盖泽尔就是我们熟知的儿童文学家苏斯博士，他酷爱收藏帽子，并在个人发展及职业发展中都充分运用这项爱好。在招待客人时，他会在恰当的时候展示自己的藏品，并为不同的客人戴上不同的帽子。如果晚餐聚会太过冷清，这些帽子便可用来"破冰"。

此外，它们还有另外一个作用——苏斯博士文学创作的灵感来源。20世纪60年代末，苏斯博士正在赶一个项目的进度。当时，他与兰登书屋负责儿童启蒙读物的主编迈克尔·弗里斯一起工作。每天清晨，他们两人会一起探讨下一部文学作品的文字结构和用词。有时，他们会被一处措辞难倒。他们感觉这里的措辞不对，但不知道应该替换成哪个单词。此时，苏斯博士便会去衣橱为自己和迈克尔各拿一顶帽子。土耳其毡帽、墨西哥宽边帽或军用头盔都可能会激发他们的灵感。这些帽子帮助他们舍弃之前认为合适的单词，改用一个新的措辞方式。

与苏斯博士摘下一顶帽子，戴上另一顶帽子相似，我们也可以通过放弃一种做法转而尝试其他做法的方式，更好地实现自己的目标。

加拿大康考迪亚大学的研究员卡斯滕·沃什一直以来都致力于研究"相比坚持追求遥不可及的目标，选择放弃是否更有益于个人发展"这一课题。[1]最近，他利用这一研究课题开始探索人们如何从分手或离婚带来的痛苦中恢复过来。

他的研究成果与美国著名流行歌手尼尔·萨达卡的那首热门歌曲《难以分手》的歌词不谋而合，我们难以从上一段感情中脱离出来的主要原因是分手后我们不知道应该如何让自己快乐。我们应该投入到一段新的感情当中吗？我们是去探索新的社会关系，还是加倍努力培养孩子、重新投身事业？

为了解决这些问题,沃什调查了一群二三十岁的年轻人和一群四五十岁的中年人。他们中一半的人正处于恋爱关系当中,另一半则在过去几年经历了分手或离婚。不出所料,相比处于恋爱关系中的人,最近刚刚分手的人情绪状态较差。在想到自己的感情状况时,后者会感到更加自卑、抑郁。不同年龄段的两组人都是如此。

当我们失去一段感情时,一开始的确会感到十分痛苦,但经历过的人都知道,这种感觉不会持续太久。沃什在15个月后对参与者进行回访,那些经历过分手或离婚的人(无论年龄大小)都表示自己感觉好多了。

但是他们快乐的来源会因年龄而异。15个月后,快乐的人与不快乐的人之间的区别在于一段关系结束之后他们如何快速设定新的目标。为了找到问题的答案,沃什在刚开始便请所有参与者列出自己在未来5~10年想要达成的5个目标。他浏览了参与者列出的目标清单,并将所有目标归为两类:寻找新伴侣,或者换一种方式建立社会关系——比如参加射箭俱乐部(我们看完电视剧后一直梦想做的事情)。

在二三十岁的参与者中,最幸福的当属那些重新投入一段新感情的人,对于他们而言,天涯何处无芳草,何必单恋一枝花。可供参与者选择的对象千千万万,他们有大把的机会追求其他人。

而对于四五十岁的参与者来说,建立新感情的机会相对较少。这个年龄段的人很多都早有伴侣,其余的人往往认为事业重于情感,所以可供参与者选择的对象较少。沃什发现,在这15个月里,相比那些加倍努力寻找真命天子的参与者,意识到这一现实局限,从而把精力重点放在经营自己与家人之间的关系或结交新朋友上而不是寻找新的恋爱对象的参与者的情感生活更加稳定,更容易有满足感。人际交往至关重要,陪伴方式的不同决定了人们幸福程度。合理的选择帮助他们实现了效益最大化。

尽管学会放弃是最终实现目标的过程中十分有用的工具,但我们使用它的频率却并不高。为什么呢?这个问题的答案与视觉幻象有共同之处:追求困难目标的决心就像视觉幻象一样难以动摇。

请看下图,尽管画质较差,但我们仍然能认出这是一张人像图。想必你已经看出这是阿尔伯特·爱因斯坦了,对吧?但是如果你使劲眯着眼睛看,或者把书拿到距离自己一臂距离的地方,或两者同时做,那么你可能会看到另一位名人——满头金发的玛丽莲·梦露。

麻省理工学院与 IBM(国际商业机器公司)合作建立的沃森人工智能实验室主任奥德·奥利瓦选择了这两位 20 世纪名人的照片,将它们叠合在一起,创造了这种视觉体验。爱因斯坦和梦露都在这张图当中,看这张复合照片时,我们的视觉总是会偏向于其中一个,尽管我们可以通过上文提到的方式强迫自己看到另外一个人的面孔。但是，一旦恢复正常的阅读方式，我们的初始视觉体验便会再次占据上风。

我们很难放弃对自己而言至关重要的目标的原因与我们在这张照片中只能看到爱因斯坦却看不到梦露是一样的。我们固执地认为成功的方式只有一种，但实际却并非如此。有时，我们需要思考实现目标的其他路径。目前所在的路径可能让我们走进死胡同。

那么我们如何辨别在实现目标的道路上是否遇到了无法克服的困难呢？我们应在何时选择放弃呢？

我们或许可以根据自己的心理状态进行判断。当我们频繁地思考坚持目标的利弊时，我们可能已经到了一个临界点。当我们投入了时间、精力和能量去追求某个重要目标，却在中途遇到阻碍时，我们便会权衡利弊、摇摆不定：现在是应该加倍努力还是应该及时止损？

这是马拉松运动员在跑到大约 29 千米的地方时常常会思考的问题。此时距离终点还有约 12 千米的距离，他们已经身心俱疲，而且还要继续消耗能量。他们体内的脂肪已经消耗殆尽，转而开始消耗葡萄糖，葡萄糖的消耗会在更大程度上考验他们的能量储备。有些人的脚已经失去知觉，有些人表示自己的双腿像灌满铅一样沉重。迪克·比尔兹利是首届伦敦马拉松赛的冠军，他描述这种感觉时说道："感觉就像一头大象从树上跳到我的肩膀上，然后我带着它跑完了全程。"这便是所谓的"墙"。或许你会因此认为在比赛中每多 1 千米，放弃比赛的人就会随之增加，你会认为疲惫感越发强烈、肌肉越发感到烧灼，是选手们脱掉比赛服、选择放弃的主要原因，选择放弃的人会越来越多。这种想法看似符合逻辑，但实际却并非如此。

2009 年，纽约路跑协会发布了一组有关一年前未完成纽约城市马拉松的跑步者的数据。[2] 结果发现，从大约 10 千米处开始，弃赛人数逐渐增加，在 24～29 千米达到顶峰。从 29 千米到终点，尤其是 42 千米以后，弃赛人数骤降。如果你能跑到 29 千米处，那么便极有可能跑完全程。

"墙"是真实存在的。在感觉到撞墙时，人们便会开始权衡坚持跑完的利弊，也正是在此刻，人们开始严肃思考是否放弃。苏黎世大学和伯尔尼大学的研究人员研究了马拉松运动员在到达这一临界点前、处于临界点时和临界点以后的心理状态。[3] 参与调研的跑步者大多经验丰富，其中有些一年前开始跑马拉松，有些则已经跑了 30 年之久。他们每人每周都会跑 48 千米以上。在参加训练并完成一场马拉松比赛后，他们通过比赛过程中的 4 个时间点回忆整场比赛。

如你所料，随着赛程的推进，跑步者会思考更多放弃比赛的好处：冷敷酸痛的肌肉、享受有力的按摩都会成为无法抗拒的诱惑，并且诱惑力会不断加大。但是，随着跑步运动员逐渐接近临界点，他们的大脑开始飞速思考其他东西。他们会更多地思考坚持跑完的好处，例如，脖子上挂着"跑完全程"的奖牌感受会有多棒。与此同时，他们也会更多地思考放弃比赛的坏处，例如，第二天看到别人脖子上戴着奖牌，自己脖子上却空无一物会有多么失落。实际上，在 29 千米的临界点上，他们评估利弊的频率会达到顶峰，在那之后便会骤降。这个临界点是马拉松运动员最纠结的时候，同时也是马拉松比赛中放弃比赛的概率最高的时候。

如果你是一个体能足以应对这场考验的马拉松运动员，那么放弃或许并不是适当的选择。只要突破那个临界点，你一定可以重整旗鼓。但在其他领域，放弃有时或许是十分有益的选择。

在研究人们放弃目标的经验时，卡斯滕·沃什创造了一种方式来衡量参与者在面对路径改变时的一贯感受。[4]他问参与者：在追求一个重要目标时，你有多容易放弃？放弃目标后，你是否仍然感觉投入其中？放弃对你而言有多难？他的研究团队将答案汇总，据此建立了一个指数，这一指数能够反映每个人放弃目标的难易程度。

然后，研究人员请参与者带着满满一袋小试管回家。在接下来的4天里，参与者每天需要向试管里吐4次口水，并将试管放入冰箱，等到回实验室后将试管交给研究人员。研究人员能够借助这些样品测量他们身体中的氢化可的松（身体在帮助我们处理压力时释放的激素）。

研究人员将指数与氢化可的松样品的研究结果放在一起后发现这两者之间存在重要关联。所有参与者的氢化可的松含量在起床后1小时内达到最高，这属于正常情况，也在意料之内。我们刚起床时，身体会释放氢化可的松帮助我们行动。对于身体健康的人来说，氢化可的松水平会在一天内不断下降，一直到睡觉。在这项研究中，容易适时放弃的参与者体内的氢化可的松水平会随着时间的推移大幅下降——前4小时下降一半，接下来的4个小时再下降一半，睡觉前再下降一点。

但是，对那些很难适时放弃的人来说，一天内氢化可的松水平的变化却并非如此。起床后，他们每一个检查节点的氢化可的松水平都比正常水平高出30%。这十分危险，因为如果氢化可的松分泌量始终居高不下，我们便极易生病且容易感到疲惫。由此可见，相比那些能够及时放弃无法实现的目标的人，难以放弃的人所面临的长期压力更大。

开阔视野，适时放弃

王薇薇是当今最受青睐的女性时装设计师之一。市场数据显示，每年她所创立的 Vera Wang 的商品零售额都在 10 亿美元以上。她不仅为自己设计服装，还曾为詹妮弗·洛佩兹、切尔西·克林顿、伊万卡·特朗普和克莉茜·泰根设计婚纱。美国第一夫人米歇尔·奥巴马在白宫宴请中国国家主席习近平及妻子彭丽媛时，穿的便是王薇薇设计的衣服。王薇薇的个人财富已超 6.3 亿美元。

但是，她一开始的目标却并不是成为设计师。

7 岁时，王薇薇第一次穿上花样滑冰鞋。尽管王薇薇在曼哈顿上东区长大，但她不想只在中央公园的溜冰场滑冰，她的目标是参加专业比赛。王薇薇刻苦训练了 10 年，一直希望有一天能够穿上亮闪闪的比赛服。大学时，她搭便车去新泽西州西奥兰治参加北大西洋花式滑冰锦标赛。她几近完美的表现为她摘得女子组桂冠，全球发行量最大的体育杂志《体育画报》也对她进行了报道。

但是在那之后，她便再未获奖。王薇薇和伙伴詹姆斯·斯图亚特一同参加了美国青少年花式滑冰锦标赛，但并未获奖。她想要进入冬奥会美国代表队，却被当届"冰舞皇后"佩吉·弗莱明打败，未能入选。双人花样滑冰失败后，斯图亚特决定参加单人赛，而王薇薇则决定就此告别花样滑冰。

来到巴黎的索邦神学院（现为巴黎大学）后，王薇薇重整旗鼓，她意识到自己的人生价值不一定非要在滑冰场实现。在接受 Style.com 网站采访时，王薇薇称自己"热爱美、热爱线条、热爱讲故事并引起他人的情感共鸣"。刚开始，她认为自己在花样滑冰中找到了那份热爱。而当她遭遇瓶颈，发现年轻滑冰运动员的水平很快便要与自己的巅峰水平相当时，她接受了这一现实，加上这份职业的时效很短，因此她转而投身设计领域。王薇薇选择了开阔视野的策略，并将之前激励她早早起床练习滑冰的热情投入时尚领域。我们并不是因为她曾在费城的那场青少年双人花样滑冰锦标赛中获得第 5 名的成绩而知道她的，而是通过她建立的服装帝国。适时放弃意味着获得了转变道路、重塑自身、重新发现自己的机会。不知不觉中，王薇薇通过开阔视野的方式看到了生命中那些微小的部分是如何拼接在一起的，以及如何通过其他道路与选择实现同样的目标。

的确，当我们开阔视野时，便能够通过不同活动、不同目标看到多种关系。如果我们想要饮食健康，开阔视野便可以帮助我们看到自己的饮食量与运动量之间的关系；如果我们想要减缓焦虑情绪，开阔视野便可让我们意识到我们选择的加班是以牺牲我们自我调节的时间为代价的。

开阔视野也会让我们将待做事项清单上的结果进行汇总，避免付出努力却仍然无法达成目标的情况。假如你刚刚从一场气氛活跃的大家庭聚会上离开，聚会上有表兄弟姐妹、阿姨、叔叔。与这些亲戚保持积极联系对我们而言并非必要事项,某位远房表兄没有回复邮件、某个侄子看到来电却从不回复这种情况会让你无心再与他们联系。如果我们仅仅关注这些割断的联系,那么在刚刚建立(或刚刚复燃)的家庭中培养情感的热情便极易消退。如果经历太多次失败,我们便会失去坚持的动力。但是开阔视野能够让我们着眼于大环境,既看到成功,又看到失败。

开阔视野能够帮助我们找到一种不同以往的,甚至更好的方式追求目标。在纽约,出租车司机可以自行决定出车时间。有些司机从车队租车,租车时长为12个小时。经济学家的一项研究显示,从车队租车,白天的价格为76美元,晚上的价格为86美元。还车时,司机必须加满汽油,这大概要花15美元。有些司机从个人车主那里租借出租车,他们以周或月为单位租车。还有一些司机拥有出租车牌照(成本约为13万美元,这是在纽约市开出租车的合法证明)。司机可以拿走包括小费在内的所有车费,直到合同到期。如果他们延期还车,便需要缴纳罚款。在纽约,司机现在主要通过"四处巡行"寻找乘客的方式赚得大部分收入。出租车车费由纽约市出租车和豪华轿车委员会确定并监管。因此,出租车司机的收入由乘车需求及出车时长决定。

经济学家想知道出租车司机自行决定的出车时长是否为最佳决策。[5] 经济学家们知道的最佳策略是:需求较高时延长出车时长,需求较低时减少出车时长。天气会影响乘车需求,当天气寒冷或在雨天时,步行者会重新考虑自己是否仍要步行至目的地。此外,上下班高峰期和午饭时间也是乘车需求的高峰期。执行这一策略不仅能够确保每日平均收入最大化,还能保证司机拥有最长的休息时间,在用车需求量大时工作，需求量小时休息。

为了评估司机对工作时长的选择是否为最优选择，经济学家分析了出租车公司的将近2 000份行程单，他们要求司机记录乘客上下车的时间和车费（不包括小费）。由此，经济学家们可以知道司机每天的工作时长，并且可以通过对车内的计价表的核实确认，最终计算出司机的日均薪资。

他们发现，有些出租车司机并未使用能够让利润和休息时间最大化的出车策略。当每小时赚到的钱较少时，司机的工作时间更长。收入减少时，司机反而不愿意减少工作时长。那些日租汽车的司机在做决策时会局限于某一时点的收入。他们租车的频率是"一天一次"，因此他们为自己设置大概的每日收入目标，达到这一目标时，他们才会停止工作。

相比之下，除按日付租金的司机外的其他出租司机做出的决策能够较好地平衡工作时间与休息时间。那些以周或月为单位租车的司机、自己有车的司机会在每小时赚到的钱较少时减少工作时长、增加单位时间内收入较高的时间段的工作时长。他们在计算支出与收入时开阔视野，最终选择更加合理的安排工作。

通过开阔视野、确立每周目标或每月目标，他们能够减少工作时长，将收入和休息时间最大化。他们能够在更少的工作时间里获得更多的收入，当付出与收入不成正比时，他们便会停止工作。

1982年，《时尚COSMO》杂志的第一位女主编海伦·格莉·布朗的书《拥有一切》出版，书名引发了各界的热烈讨论。这个词很快便在人们的日常谈话中占据了一席之地，并且让很多人——尤其是那本书的女性读者——感到不知所措、垂头丧气。这个"魔咒"让人们觉得满足家庭、工作等多个角色的需求并在每个角色中大放异彩不仅是可以实现的，同时也是实现真正成功的必要条件。我们需要做得更多，并且把每件事做得更好，这让人倍感压力。

几十年过去了，"拥有一切"这个词的定义已经发生变化，但它曾将许多不切实际的需求强加给我们时的感受仍然让人记忆犹新。参议员柯尔斯顿·吉尔布兰德在其作品《你的声音可以改变世界》中呼吁读者："不要再谈论拥有一切了，请开始思考做事时面临的真正挑战。"安妮-玛丽·斯劳特是美国国务院第一位担任政策规划办公室主任的女性，她曾为《大西洋月刊》撰写过一篇文章，名为《我们为什么不能拥有一切》。在文章中，她也表达了相同的态度。她写这篇文章的部分原因在于告诉其他女性不应该这样做。她曾被告诫，不应该将这种信息传递给其他女性。但她还是写了，尽管她的一生顺风顺水，但她仍然觉得自己并不能做到所有她想要做到的事。

"拥有一切"这个词语的风靡让我们认为大多数人都渴望扮演多种角色，甚至想要同时兼顾这些角色。这让我们相信自己也应该这样。对社会规范及社会期望的理解，即使它们是错误的，或许是人们难以放弃自己一直以来努力追求的目标的一大原因。即便我们想要放弃，心里也会认为放弃是不对的。

马修 1 岁左右时，我正忙得不可开交，既要处理科研和教学工作，又要帮刚退休的父母搬家，还要写书、学习、熟练演奏一首歌曲并达到在公众面前演出而不会尴尬的水平。我当时正在纠结是否要

"拥有一切"，并且为这个词语的存在而感到气恼。就在那时，一家大型企业找到我，问我是否愿意做一个研究课题的科研顾问，研究的主题是"女性如何定义自己的理想生活"。她们真的如"拥有一切"这个词所说的拥有许多目标吗？这是否让她们感到幸福？我欣然接受了这个机会，不过这也让我更加分身乏术。我知道自己无法分身，但我总是学不会拒绝，而且我本人对这个问题也非常感兴趣。

我们选择了 18 位女性的故事。她们的生活各不相同，也存在共同之处：她们都是自信、强大的女性，并且都有所成就。比如获得研究生专业学位、挣得的薪资足以让她们在自己喜欢的城市过上舒适的生活、管理意义重大的深层人际关系……但她们都处在人生的分岔路口，还未完全实现自己的目标。她们的旅程还未结束，相反，她们还在路上。

我们设计了一份调查问卷，请她们在家里单独完成。问题包括：对她们而言，"拥有一切"意味着什么？她们对理想生活的定义是什么？在她们的生活中，哪些因素对她们获得成就感和幸福感最为重要？是腾出时间提升心理健康和锻炼身体，还是在一家业绩顶尖的公司管理一群卓越的员工？是一生致力于慈善事业，还是花时间照顾他人？此外，她们还要告诉我们，当她们做重要决策，比如和谁约会、是否要孩子、何时要孩子、如何完成学业并找到一份不错的工作时，会依赖生活中的哪些女性，这些人便是她们的支撑网。

几周后，我们向这些女性及其支撑网里的人发送了一份神秘邀请，请他们前往纽约市一个富人区的某处。这份邀请或许没有听起来那么怪异，但邀请函中却并未透露有用的信息。我们告诉参与者，我们想要借此机会进一步了解她们想要什么，希望她们能带上自己的妈妈、姐妹、好朋友、法律学院的学习伙伴，或其他她们曾提到的自己最依赖的女性一起参加。她们并不知道，这实际上是一个社会实验。在学术期刊上发表论文时，人们很难通过同行评审的考验，我们想以实验数据来验证我们的假设是否正确。

实验的前一天，我需要做一些准备工作。我与一个影视制作团队进行沟通，他们负责录制全过程并制作视频，与大家分享实验结果。我们讨论了参与者有哪些、她们当下面临的人生挑战是什么、我会提出哪些问题，这些问题是为了了解阻碍这些女性过上理想生活的因素有哪些。我们谈及了人们总是做出相同决策，但这些决策长期来看并不会为她们带来快乐的原因，还讨论了哪些因素能够激励人们做出改变。

然后话题转到了衣着打扮上，尤其是我的。从来没有人说过我前卫时尚，尤其是在马修出生后以后。时间对我而言极其宝贵，那时候，我去购物的时间还没有网购尿布的时间长。当制作团队开始问我有哪些衣服、评估我的衣服是否适合上镜时，距离实验开始还有一天半，我有些不知所措。主导这个拍摄的制作人是露西·沃克，她对是否上镜有着十分严苛的评判标准，我的衣服显然不符合她的要求。她在专业水准和个人品位上都高我一筹。她与我分享了自己最近在新闻里读到的一篇心理研究报告，我对这个研究的结果还未有耳闻。看她的穿着打扮，会让人以为她刚从范思哲创始人的妹妹多娜泰拉·范思哲的私人衣橱中走出来。她执导的两部电影提名奥斯卡金像奖，还有几部电影在几乎所有国家的电影节中都被评选为最佳影片。巧的是，在我与彼得的前几次约会中，有一次我们去了纽约现代艺术博物馆，参加她执导的一部电影的全球首映式。当时，我们就坐在音乐家莫比的旁边，他是那部电影的编曲，之前在纽约城和沃克一起做 DJ（唱片骑师）。而且，沃克就算穿天鹅绒材质的衣服也不会令人感到怪异。

沃克向我提出明确的衣着要求：应该穿有袖衣服、不能穿紧身衣、颜色饱和度要高、衣服上不要品牌标识。既要确保专业，又不要过于死板；既要有当代特色，又要是经典款式。根据这些建议，我发现我唯一拥有的就是鞋子，而它们多半不会出现在镜头当中。我的行程很紧，只有两个小时的时间为我古板过时的衣橱增添新衣物。我把从摄影团队办公室到家的 3 个街区以内的所有商店迅速逛了一圈，买下了所有符合沃克要求的衣服。如果沃克否定了我的选择，那么我希望退换政策能够宽松一些。我在试衣间试衣服时拍了几张非常"真实"的自拍，并把它们发给沃克制作团队的工作人员。我所有的选择都被否决了，他们决定请一位专家来全权负责我的服装。

不到 1 个小时，一位时尚顾问便打电话过来，问了我一些有关衣服尺寸和风格的问题。我说明了我的衣服尺寸，同时表示我没有穿衣风格，由她全权负责。第二天，她信誓旦旦地说自己找到了一些既符合沃克的要求，又符合我个人偏好的衣服。她说："相信我，我知道你想要什么，你可以去看看我的网站，你穿起来一定会很好看、很上镜！"一挂断电话，我便立刻登录她的网站。她的网站页面和 Pinterest（图片社交分享网站）类似，里面都是图片，其中，穿着新奇、满是文身的人像照片尤为显眼。我心惊胆战地上床睡觉了。

最后发现我的担心是多余的。这位时尚顾问为我挑选的衣服十分完美。最重要的是，那天的社会实验进行得十分顺利，结果也让我们深受启发。

当那些女性与其社会支撑网内的人到达受邀地点后，我的时尚顾问也开始为她们更衣打扮，如果她们需要的话。音响师将麦克风藏在了参与者身上最隐蔽的地方。我的麦克风则被藏在我大腿上面的皮带上，我仿佛一个拥有神秘能力的科学英雄。

准备工作结束后，我进入另外一个房间和她们碰面，制作团队早已将一间空无一物的店铺改造为一个一日商店。

所有人走进店铺时都十分震惊。这并不是一个普通的店铺，购物体验也与众不同，但这就是关键所在。我向她们解释道，接下来她们将要购买自己的理想生活。我鼓励每个人思考自己在生活的各个方面真正想要的东西是什么。店铺的每个部分都提供了多种选择，参与者只能选择自己最想要的、最切合实际的目标。店铺里面有各种玻璃罐、玻璃杯、袋子、小罐子和试管。每个上面都贴有标签，例如："每周工作 40～60 小时""保姆""向慈善机构捐款""制作健康的食物"。我向她们每个人分发了一个篮子，让她们进入店铺进行选购。

然后，她们会带着篮子在收银台处再次见到我。我看过她们几周前在家里做的调查问卷，知道对每个人来说哪些生活领域最为重要，但她们对此并不知情。在收银台处，我梳理了她们挑选的商品，并将她们的选择与调查问卷中的答案进行对比。

我发现，这些女性意志坚定、积极上进。相比调查问卷中的选择，她们在商店选购自己的理想生活时，89% 的人选择了更有野心的目标。更有趣的是，我的研究结果与"女性总是追求'拥有一切'"

的刻板印象恰好相反。我发现，她们都希望能够拥有独一无二的、与众不同的生活，并且会将自己的注意力集中于此。在店铺里选择更有野心的目标的参与者当中，77%的人做出的选择与她们之前所说的生活中最重要的领域相吻合。她们并不想在生活的各个方面都出色，而是希望能够在对自己而言最为重要的领域拔尖，这些领域因人而异。

我知道其中一位名叫梅拉妮的女性，她毕业于美国最负盛名的法学院之一，毕业后便进入纽约一家金字塔尖的企业任职。她的工作侵占了她大量的个人时间，她想要拿回自己的个人时间。她的理想生活是有更多用于个人成长和与家人相处的时间，她正在寻找实现目标的方式。实际上，不久之后，她便要离开现在的公司，搬到亚特兰大去，进入法律行业一个压力较小的领域，开启新的职业生涯。当然，这是一个十分大胆的举动。

我知道柯丝蒂没有孩子。但在她的生活圈子里，她很难坦诚地告诉别人她其实想要孩子。我们第一次对话时，我问她："孩子是你理想生活的一部分吗？"她回答道："当然不是！"但她选购了3个以上与孩子有关的袋子。我提到这点时，她回答道："说实话，这就是我的理想生活。"

阿曼达告诉我她有很多兄弟姐妹，因此总是花很多时间帮助他们，但她的理想生活是能够拥有更多的个人空间。她告诉我，这种想法让她感到愧疚，但又会忍不住思考："为什么你总觉得作为一名女性就理所应当地牺牲自己？"

在这场购物体验中，到底是什么影响了这些女性的人生目标呢？

聊天时她们告诉我，在日常生活中，她们可能会倾向于狭隘地思考问题，将人生决策当作一次性的、独立的选择，不会考虑自己将要做哪些取舍。她们会思考自己应该如何利用时间和才智满足当下的需求。她们一直试图用当下的资源解决当下的问题。凯兰在神学院上学，所以她的下一个目标是成为一名牧师，这是自然而然的事情。柯丝蒂说医生告诉她是时候要孩子了，虽然她还没有准备好，但她开始考虑医生的建议了。她们会根据目前的生活情况思考自己能做什么、应该做什么，正是这种狭隘的视角导致她们壮志难酬、陷入困境。

相比之下，这场购物体验则引导她们开阔视野。她们开始全面构想自己的理想生活，找到可行的方法将自己最大的目标拼凑在一起。在商店中，全部的生活选择都摆在她们面前。她们的挑战是决定将哪种选择放入篮子当中。篮子的大小、能够放入其中的商品数量便是现实生活中的限制性因素。当梅拉妮选择写有"每周工作20~40小时"的塑料瓶时，她同时需要权衡自己是想要拥有"20万美元薪资"便利贴的小罐子还是旁边写有"重返校园读博"的袋子。塔莎想要将"硕士学位"的袋子、"希望工作一直都具有挑战性"的金属罐子、"计划60岁前退休"的小试管和"每年能够旅游多次"的玻璃罐都放入篮子里。我无意中听到塔莎问朋友卡永怎样才能得到自己想要的所有东西："我正在读研，而且还必须工作。在这种情况下，我应该如何融入一个团体，比如说家庭？"卡永回答道："融入一个家庭和融入其他新环境是一样的，你需要不断地调整、适应，因为这是你自己的选择。"

这个商店让这些女性以不同视角看待多种人生选择。她们表示自己在商店里会大胆地思考自己真正想要的东西。同时看到让自己不太满意的选择和让自己感到快乐的选择时，她们能够进一步意识到生活中哪些事情是无关紧要的。这不仅会鼓励每位女性大胆思考自己在人生各个方面真正想要的东西，还让她们思考将这些真正想做的事情拼接在一起的可行性方案。一些人勇敢地承认她们不想要传统意义上的婚姻，更喜欢通过友谊建立人际关系，独自抚养孩子。还有人表示自己计划从名声赫赫的企业离职，去做一份没有那么光鲜亮丽却让自己感到满足的职业。她们通过思考自己各种身份如何融合在一起的方式开阔视野，进而意识到对自己而言哪些东西至关重要、哪些东西可以牺牲。就像塔莎所说，这段经历让她意识到"我需要提升自己看待生活及目标的格局"。

开阔视野鼓励这些女性再次为那些让她们感到满足的目标奋斗，避免她们被他人的期望所左右。使她们更有可能冲破社会常规的束缚。

我知道参与调研的这些女性都是独一无二的，但我仍然想知道是否有证据能够表明开阔视野能够让人们避免一味遵从外部环境强加的统一规范。社会心理学家多米尼克·帕克曾研究过类似的问题，我找到了他的研究成果。[6]在研究中，帕克邀请一群年轻人思考自己所在社区有哪些方面有待提升，这些年轻人对所在社区和学校应做出哪些改变均有自己的想法。然后，研究人员告诉了他们已经存在的规范，并特别提到他们的同伴不喜欢批判性的观点。此外，研究人员还左右了参与者的注意力范围。其中一些参与者通过聚焦的方式思考是否应该分享自己的批判性观点，而另外一些参与者则通过开阔视野的方式来思考这一问题。尽管所有的参与者都希望自己所在社区能够变得更好，但现在的问题在于他们是否会遵从同伴已经建立好的社会规范。他们是会因为同伴认为这是正确做法而保持沉默，还是会选择发声呢？

在我主导的研究项目中，在商店中"购物"的女性在开阔视野后变得更有野心、不再墨守成规；在帕克的研究项目中亦是如此，参与者在开阔视野时选择挑战社会常规的可能性更高。项目参与者都希望能够促成改变，也都知道发表批判性观点可能会冲击已有的规范。在这一前提下，相比聚焦的人，开阔视野的人发表批判性观点的可能性更大。面对当下要求他们保持沉默的社会压力，开阔视野鼓励他们无视压力、突破束缚，做出他们认为有益于自己和社会的行为。

做出改变这种想法会让人望而却步。由试图改变的想法而产生的恐惧情绪是好的。如果我们认为改变意味着失败，那么毫无疑问我们会不遗余力地避免改变。但如果我们把它当作是实现目标的另一条路径，那么我们便能欣然接受改变。

立志成为医生的大学生经常因为生物课难度过高而放弃医科大学的预科课程。但是，这并不意味着他们无法进入医学界。实际上，美国医学院协会[7]称，2018年从其他专业（如数学、人文学科）转入医学院学习的学生比例高达45%。改变专业并不一定代表改变职业理想，这可能只是实现目标的另一条路径。

演员威尔·史密斯在16岁时立志成为一名说唱歌手。他和朋友组建了说唱组合 DJ Jazzy Jeff & The Fresh Prince，曾四度获得格莱美奖。但是，美国国家税务局却发现他存在金融违规行为，史密斯因此失去了大部分刚到手不久的财产。但是，这个挫折并不是一场悲剧，也并不意味着史密斯演艺生涯的结束。他全心投入演艺事业，拍摄的《新鲜王子妙事多》大获成功。在那之后，他的电影生涯迅速发展。他两次获得美国人民选择奖，两次提名奥斯卡金像奖，同时还获得了其他数十个奖项。《时代周刊》将他评选为"最具影响力的100人"之一，被评选上的100个人都凭借其影响力、天赋和道德品质改变了整个世界。

肯德拉·斯科特是一家时尚配饰公司的首席执行官。公司以她的名字命名，目前有2 000名员工，其中98%都是女性。2017年，她荣获安永企业家奖。斯科特并非一开始就一帆风顺。曾经她是一个全身只有500美元，只有一间卧室，代表公司接听电话的母亲。她将儿子放在童车里，推着车挨家挨户地拜访当地的服装精品店，希望能够找到代卖自己作品的商店。她获得了少量的订单，由此获得的资金足以让她进行下一轮生产。在大儿子3岁、小儿子刚满1岁时，她离婚了，家庭生计的压力全部压在她一人身上，这迫使她需要把她的事业推上一个新的高度。她必须找到新的前进道路。大学辍学的她创办了自己的第一家零售公司，并且大获成功。不到3年，她设计的服装便被著名设计师奥斯卡·德拉伦塔选中，作为他春季时尚秀上的服装。现在，斯科特位列福布斯全美白手起家女富豪榜单，排名甚至高于歌手泰勒·斯威夫特、碧昂丝、著名时装设计师唐纳·卡兰、DVF创始人黛安·冯芙丝汀宝等人，她的个人品牌价值已超10亿美元。

无论是在教育、商业还是个人生活中，挫折都不可避免，只是时间早晚的问题。但是，挫折并不代表失败，而是代表了寻找新的前进道路的机会。

09

少即是多，着眼未来

我努力在一天中寻找更多练习时间，练习时间也因此增加了1~2倍。当彼得为马修穿睡衣、开始讲睡前故事之前，我有15分钟的碎片时间。《你的爱》这首歌时长为4分钟，如果我在热牛奶、寻找马修睡觉时要抱的毛绒玩偶时循环播放这首歌，那么便可以听3次半。另外，在等待别人回电话时也会有10分钟的碎片时间，我能够趁此机会记忆B乐段的小过门。我还可以边听音乐边写书，努力搞明白大鼓和小鼓是如何互相配合的。如果我在洗澡时模拟练习，这就相当于多排练了一次。

　　以上我用到的增加每日练习时长的方法都是通过在做其他事情的同时叠加练习实现的，这就是所谓的多任务并行方案。这种方式看似是帮助我们完成更多任务的正确方法，但它实际并未发挥作用，对此我心知肚明。我将每次的练习情况都录制下来，通过回放，我发现我的确进步了。我再也不是一只想要飞，但却没有接受自己不会飞的事实的鸵鸟。但是，我距离把这件事做好还差得远。

多任务并行是一种司空见惯的情况。在我之前调查过的 500 个人当中，一半以上的人表示，在追求那些对自己而言至关重要的目标时，他们更喜欢同时处理多个任务，而非专注于单一任务。但是，科学家发现，人们的真实选择与这一调查结果并不相符。

为了了解多任务并行在工作场所的普遍性，卡内基-梅隆大学的教授劳拉·达比什带领一组科学家对一家金融服务公司和一家医疗器械公司的员工每分钟所做的选择进行了观测。[1] 他们追踪了 36 位管理人员、金融分析师、软件开发师、工程师、项目主管，以每分钟为单位进行观察，持续了 3 天的时间。每位研究人员都手握秒表，记录每位被试在着手进行下一件事情之前持续思考或行动的时长。他们发现，被试专注于一件事情的平均时长仅为 3 分钟。当他们在电脑、智能手机或其他电子设备上工作时，保持专注的时间会更短，约为 2 分钟左右。当然，有时我们别无选择，不得不放下手头的事情（比如老板来找你，或者同事有问题要问你）。但是，研究人员发现，工作中断有将近一半的情况是被试自身的原因，从一个任务转换到下一个任务完全是出于他们自己的选择，他们很少全心全意地长期专注于一个项目。做表格时，一条信息就能转移他们的注意力，看到电脑屏幕一角闪动的消息提示，他们会不自觉地点进去获取最新的讯息。

超过临界点

注意力分散是存在问题的。一旦超过某个临界点，我们的认知资源便会过于分散，从而导致我们效率降低。我们没有足够的心智和精力去做出正确的决定，没办法同时向着多个目标努力。

同时在斯沃斯莫尔学院和加利福尼亚大学洛杉矶分校任教的社会心理学家安德鲁·沃德和特蕾西·曼恩发现多任务并行不利于长期目标的实现。[2] 他们专门研究了多任务并行对减肥者的影响。在实验中，他们请参与者观看一部影片，影片展示了知名艺术家的作品，为参与者创造一种参观博物馆的虚拟视觉体验，这是令人愉悦的体验。他们不需要在人群中挤来挤去，也不用担心自己的头被亚历山大·考尔德的动态雕塑作品撞到。不过，有一半的参与者被随机分配到一个额外的任务。在观看影片时，只要听到房间里有"哔哔"声，他们便需要跺脚。此外，他们还需要记住自己看到的艺术作品，之后接受记忆力测试，问题包括：影片中是否有莫奈的《睡莲》？是否看到了马克·罗斯科的《栗色上的黑色》？

此外，研究人员还请所有参与者一边体验虚拟博物馆，一边试吃墨西哥玉米片、巧克力糖、饼干等各种零食。研究人员知道请这些参与者试吃零食与其长期健康目标相悖。研究人员此举旨在了解多任务并行是否会让减肥者更难抵御诱惑。当认知资源过于分散时，参与者做出的选择是否还会与其健康目标一致？

答案是否定的。当参与者多任务并行时，他们做出的食物选择（吃什么、吃多少）很可能让自己追悔莫及。实际上，相比仅仅沉浸在艺术作品中的人，那些多任务并行的参与者从不健康食物中摄取的卡路里要多出 40% 左右，尽管后者也在时刻关注自己的体重。但可供选择的小吃对他们而言是无法拒绝的诱惑。

"多任务并行"的视觉幻象

尽管多任务并行会影响我们的判断，但仍有很多人认为多任务并行在大多数情况下是一项重要的能力，许多雇主都将这种能力当作一个令人羡慕的必备"技能"。仅在 2019 年 1 月，全球顶尖在线求职平台 Monster.com 发布的岗位描述中，要求候选人能够同时高效处理多个任务的便已超过 30 万份。

我们认为这是一项值得被培养的技能，或许是因为一心多用给人感觉是正确的。研究人员调查了俄亥俄州哥伦布市的一组志愿者，每天都会问他们在做什么、感觉如何，每日 3 次，持续整整 1 个月的时间。[3] 结果发现，同时处理的任务越多，参与者的心情便更好。但是，多任务并行并不适用于所有情况。尽管这些志愿者的自我感觉良好，但随着他们同时处理的工作量的增加，他们的效率在不断降低。

我们选择同时处理多个任务是为了每天完成更多工作，但是，这样做的频率越高，工作效率就越低。除了能够让自己感觉良好以外，我们还有什么理由继续做这种效率极低的事情呢？

为了进一步研究这一问题，我们来看一项以孩子为对象的实验。我在教心理学导论时，每年都会让学生们观看一个实验的视频片段。视频中一位面带微笑的成年女子坐在一个只有她屁股一半大的椅子上，旁边的桌子大约只有一级楼梯那么高。她身旁坐着一个 4 岁的男孩，金黄色头发，穿着宽大的帽衫，明亮的眼睛里透着好奇，小脸蛋胖嘟嘟的，刚刚喝完全脂牛奶。男孩面前有一个托盘，那位成年女子将 5 颗用彩色玻璃纸包装的糖果放进托盘，并将其排成一排，两两之间间距相等。然后，她又拿出 5 颗糖果，把它们放在之前那 5 颗的后面，排列成同样间距相等的一排。做完上面的工作后女子问男孩，第一行的糖果比第二行的多还是少，还是一样多？在准备阶段，男孩一直坐在旁边，手肘放在桌子上，用拳头撑着脑袋。他的视线从女子的脸上转移到糖果上，认真地打量着触手可及的糖果。他给出了正确答案，两排糖果一样多。紧接着，女子将第二行糖果之间的间距拉大，此时男孩仍然全神贯注地看着。女子再次重复了之前的问题，但这次男孩的回答却是：第二行糖果的数量更多。

观看视频的成年人都知道糖果的数量并未改变，但小男孩却将视觉上长度的增加等同于糖果数量的增加。人类天生便容易将空间与数字混淆。一些聪明的发展心理学家发现了一些方法，并用这些方法来测试婴儿对世界运行方式的感知。[4] 他们知道，孩子与生俱来便知道"更多"是什么，这种"更多"可以用来描述我们的所见所闻。法国科学家对大约 100 个婴儿进行了测试，其中有些出生还不到 8 个小时。研究人员向他们播放一段录音，录音中一些成年人含糊不清地说着一些音节。与此同时，研究人员向他们展示了一条五彩缤纷的线条，线条并不是什么高雅艺术，只是这个年龄阶段的婴儿能够看懂并喜欢的。其中一部分婴儿听到的是多个连续音节，看到的是一条长线；而另一部分孩子听到的则是很少的几个音节，看到的是一条短线。

研究人员的假设是：这些婴儿会识别自己所见所闻的模式。为了证实这一假设，研究人员特别关注了婴儿们接下来的行为。

在接下来的两个测试中，研究人员做了一些调整。之前听到多个音节的婴儿现在只能听到几个音节，而之前听到几个音节的婴儿现在则可以听到多个音节。和之前一样，他们在听到声音的同时，会看到屏幕上的线条，线条有长有短。关键问题是：婴儿们在面对与之前不同的"测试配对规则"时，他们的行为是否会有所不同。专门研究婴儿的研究人员知道，新生儿会被新奇的东西吸引。所以，如果他们看屏幕的时间变长，那么科学家便可以由此得知声音与图像的配对让婴儿们感到意外。

研究团队发现，当声音与图像的配对发生变化时，婴儿们看屏幕的时间更长。这些婴儿的大脑认为，长度变长便等同于数字增加。当这些婴儿发现配对错误时，他们便会感到意外。

即便我们已经有多年的生活经验，但仍然会混淆大小与数值，有些公司会利用这一视觉错误引导我们消费。2011 年，卡夫食品公司对 Nabisco Premium 苏打饼干的包装进行了大改造。他们停用 4 小袋包装，推出"Fresh Stacks"包装——8 小袋（规格更小）包装。饼干的价格不变，但精明的消费者或许已经发现，整盒饼干的净含量比之前少了 15%。你或许会认为，由于单价上涨，有价值意识的消费者会抵制消费或至少减少消费，但实际上却并非如此。在更换包装的两年前，卡夫食品公司的 Nabisco Premium 苏打饼干销售额为 2.08 亿美元，更换包装一年后，其销售额迅速增长至 2.72 亿美元。当然，通货膨胀率及市场营销策略也在变化，但更新包装的确是卡夫食品公司做出的重要改变之一，同时也带来了最大幅度的收入增长，且增长趋势还在继续。2015 年 5 月 17 日，Nabisco Premium 已经成为美国苏打饼干的领军品牌。

我们通常会选择数量更多的东西,即便实际得到会更少。这可能解释了我们为什么会认为多任务并行能够提高效率。通常情况下,这个策略的效果并不理想,但我们仍然过度依赖这一策略,其原因与市场营销人员通过包装唤醒消费者对苏打饼干的兴趣的原因并无二致。视觉上更多便等同于更好。相同的道理,很多人认为在一定时间内完成更多的任务是正确的做法——尽管现实并不总是如此。

深陷视觉幻象

我们无法抵制多任务并行的诱惑,其原因与孩子们认为疏松排列的糖果比紧密排列的糖果数量更多的原因是一样的。我们很难战胜直觉。

尽管孩子们会做算术题,但研究人员仅仅通过改变糖果之间的距离,孩子们便中计了。实际上,多数孩子都能够从 1 数到 100,会做加减法,但当研究人员将一排糖果摆得更宽时,他们仍然会混淆长度和数量。他们很难战胜自己当下正在经历的视觉幻象。

成年人也是如此,或许你现在就正在经历视觉幻象。下页图是一个房子的简图。两个墙角处各有一条加粗黑线,这两条线中哪个更长,哪个更短?或许你之前看到过类似的图片,但仍然会被骗,我之前是看过的——但它依然设法欺骗我,就像它也可能欺骗你一样。实际上,这两条线长度相当,但我们眼睛看到的却并非如此。无论看多少次,右边的线条似乎都比左边的更长。那是因为,我们将墙壁和窗户的轮廓作为参照物，而它们的存在影响了我们对长度的感知。图片右侧，我们以墙壁边缘为参照物，因此眼睛看到的线条长度比实际长度要长。图片左侧，我们以窗户边缘为参照物，这会令我们从视觉上缩短线条的长度。尽管我们知道这两条线长度相当，但从视觉上看，它们的长度却并不相同。

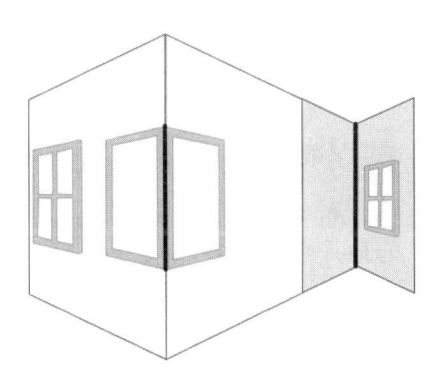

这种视觉幻象会引导我们得出错误的结论，无论是在这个例子中还是在其他地方，都是如此。即便我们知道事实，但仍会反复做出错误选择。

神经系统科学家想要了解人们的感知经验与无法遏制冲动之间的联系。为此，他们召集了一群孩子和成年人，通过功能性磁共振成像仪研究大脑中负责辨别两排糖果的数量是否相当的是哪一区域。孩子们认为长度越长数量便越多，但事实并非如此。成年人给出了正确答案，表示两排糖果的数量相当。尽管两者给出的答案不同，但他们脑部扫描得出的结果却极其相似。在成年人的大脑中，大脑后顶叶区域及前顶叶区域十分活跃，这两个区域能够帮助我们识别形状并确定形状之间的空间关系。[5] 成年人在经历视觉幻象时，这部分大脑区域也会异常活跃,这说明他们正在经历和孩子们一样的视觉幻象。

此外,成年人大脑中的前额皮质(防止我们做出错误决策的大脑区域)也十分活跃。成年人不会混淆长度与数字,因为他们的大脑知道出现了视觉幻象,并且会阻止自己下意识的错误判断。

总的来说,在 25 岁之前,前额皮质就像抑制膝跳反射的大脑区域一样还未成熟。让人震惊的是,有一些孩子的大脑却能够识别出错误,其冲动抑制区域也呈活跃状态,这些孩子混淆长度和数字的可能性更低。[6]

作为成年人,我们克服自然反应和本能反应的能力已经十分成熟。但即便如此,我们却不经常运用自己的控制力。即便我们知道一旦超过认知临界点,多任务并行便会带来负面影响,但我们仍然无法抑制自己的行为。一项有关信用卡欠款的研究清楚地表明:人们很难抑制自己的冲动。

哥伦比亚大学商学院和圣迭戈大学经济学院的研究人员对一群想要获得税务筹划帮助的波士顿客户进行了研究。[7]对某些幸运客户来说,当他们寻求帮助时,研究人员便请纳税申报员给予他们现金奖励;他们可以在"当下得到 30 美元的奖励"与"一个月后得到 80 美元的奖励"之间做出选择。为了多得到 50 美元,你愿意推迟 30 天再收到奖励吗?有一部分客户面临的选择则更加困难,例如:在"当下得到 70 美元的奖励"与"一个月后得到 80 美元的奖励"之间做出选择。现在的问题是:他们是否会为多拿到仅仅 10 美元的奖励而等待 30 天?这些客户看过税务申报员桌上的支票簿,知道这不是弄虚作假。

客户在考虑现金奖励时的偏好反映了他们做出经济决策的方式，这项研究的意义重大。研究人员通过客户的选择偏好确定客户是更关注当下还是更关注未来。关注当下的客户会选择当下便能得到的小额奖励，即使这意味着长期来看他们得到的奖励额度很低；关注未来的客户则愿意为了更加丰厚的奖励而等待更长的时间。

客户将税务文件办妥并离开后，研究人员浏览了他们的财务文件，并特别注意了每位客户信用卡负债的额度。研究人员发现，关注当下的客户信用卡负债更多。实际上，相比那些并未被当下的小额奖励所诱惑的客户，拿走小额奖励的客户的信用卡负债额度要高出近30%。关注当下是这类客户在过去做出错误经济决策的主要原因之一——这也影响了他们未来的决策。12个月后，当他们回到办公室申请报税时，他们的负债额度仍然高于那些更关注未来的客户。

开阔视野，战胜现时偏好

人们经常会做出反映当下想法及喜好的快速决策，这些决策往往与我们的最佳决策相悖，不利于长期目标的规划与实现，无论是在信用卡管理方面，还是在分配时间资源、认知资源以便完成任务方面。我们总是会选择当下最诱人的解决方案，例如：当下得到现金奖励，同时处理多个任务，因为这些方案看似正确，能够满足我们的经济和资源需求。那么，我们应该如何克服关注当下的心理，做出有益于未来发展的决策呢？开阔视野或许会对我们有所帮助。

开阔视野鼓励我们思考周围所有可能的选择。考虑到更多种可能性的情况下做出的决策能够产生更加有益的结果，能够帮助我们更好地实现重要目标。

以美国《2009年信用卡问责、责任和信息披露法》（以下简称CARD法案）为例进行解释说明。CARD法案要求信用卡公司告知消费者支付每笔金额后的结果，旨在帮助消费者做出明智的经济决策，鼓励他们每个月提高信用卡循环余额的偿还额度。CARD法案要求每条信息包括两个部分：第一，说明偿还所有金额的要求时长和每个月仅偿还最低额度所需支付的总费用；第二，说明如果要在未来3年内还清所有欠债，每月需要支付多少钱。

这些规定是否优化了人们偿还债务的决策呢？美国加利福尼亚大学洛杉矶分校商学院和西北大学商学院的教授对此进行了研究。[8]他们给参与者提供了CARD法案要求在账单中包含的信用卡信息。参与者想象账单中的总余额和财务信息反映了他们自己的情况。在看过研究人员提供的信息后，参与者要立刻说出自己对此会做何反应。参与者表示，自己会偿还最低金额5倍的账款，这相当于循环余额的10%左右，看似是一笔金额较大的还款。但如果并未看到CARD法案要求提供的信息，他们会偿还更多。研究显示，在某些情况下，如果人们并未看到这些经济预测，那么偿还金额会是最低金额的近20倍。当然，随着信用卡余额的变动，最低还款额度也会发生变化，因此我刚刚提到的影响额度也会随之改变。但是，即便研究人员改变了以上数值，他们得到的结果依然是 CARD 法案导致人们的还款额度降低。这个法案似乎产生了适得其反的结果。

CARD 法案所提出的要求的问题在于：它所提供的信息成了持卡人的一大重要参考标准。持卡人将这些信息视为指导其行为的明智建议。预测中提到的支付金额就像指南针一样，指导着人们每月的还款决策。但是，在 CARD 法案指导下的还款金额要远低于人们原本会偿还的金额。人们的决策反映了其当下的思考——减少当下的支付金额——而这会影响人们的长期财务健康。

我们应该如何应对 CARD 法案要求信用卡公司给出的 3 年财务预测所带来的负面影响呢？研究人员认为开阔视野或许是解决方案之一。在信用卡账单中，除了先前给出的财务预测，他们额外增加了一条备注——偿还金额可从 0 元到全额不等。这条备注虽然简单，但却影响巨大：它让人们开始思考各种还款可能性。面对多种选择，打算偿还的信用卡债务金额是最低还款金额的 20 倍以上的人，接近所有选择循环还款客户数量的一半。

开阔视野能够让我们不仅着眼于当下。我们能够更加全面地思考，更多地考虑长期规划，包括我们的财务支出计划。但这同时也会影响我们的时间计划。节省时间的冲动会导致我们倾向于选择多任务并行的解决方案，尽管这种方法其实并不好。开阔视野可以帮助我们抵制诱惑，引导我们关注那些需要耐心等待才能获得的回报，鼓励我们选择质量而非数量，一次做较少的工作但保证做好。当我们开始考虑多种可能性，不再局限于眼前的选择时，便能够更好地规划未来。

两面性困境

但是，还有一点需要特别注意——屈服于当下的欲望并非在任何情况下都是错误的。有时，我们因当下受到诱惑而做出的选择与长期利益是一致的，关键在于如何辨别这种情况。

迪瓦斯·KC 是美国埃默里大学的一名统计学专家，他研究过多任务并行对急诊室医生的工作效率有何影响，他们必须学会如何更好地兼顾多个患者。[9] KC 和团队用 3 年的时间收集了各种数据，包括医生面诊患者的时长，医生如何诊断病症，病人因并发和重回医院的情况。KC 想要知道，病人数量的增加对医生的工作效率有何影响。多任务并行是否提高了医护质量和病人的急诊效率？

为了了解急诊室医生如何处理多个任务，不妨回想一下通常我们到达医院后的看病流程。分诊护士会先评估我们的病情，然后护士会将我们的信息输入电脑并为我们进行电子排号，电子病例的颜色代表症状的严重程度。还有人会制作一个实体文件，里面记录我们所有的医疗信息。急诊室医生查看电子排号情况并选择病人进行诊治。症状最为严重的最先诊断。医生还会浏览电子信息和纸质信息、分诊护士笔记和历史病例报告。然后，医生会请患者进行诊断检测，例如，X 光检查、血液检查等，同时请教神经外科医生、心脏病专家等其他专家的意见。医生为我们检查身体，并向在场的家属或朋友提一些问题。检查结果出来后，他们会翻阅结果。在等待专家意见或检查报告的间隙，医生便可以处理其他任务。上一位病人的病情诊断结果及治病流程还悬而未决。此时，医生是应该诊断下一位病人，还是全心全意诊断上一位病人，不要再给自己增添负担？如果医生同时处理多个任务，对病人来说会更好吗？

这3年，KC教授追踪了这个急诊室中所有的医生经手的14.5万名病人的经历，结果发现，在等待的间隙处理并行工作好坏兼有。

首先，当病人数量较少时，同时处理多个任务能够加快病人的出院速度。医生可以利用等待检验结果的闲暇时间诊断新的病人或其他排队等候的病人。同时处理多个病人能够加快病情评估和诊断的进度。当工作对他们的时间及心力的要求提高时，他们便会努力工作、提高工作效率。

接下来我将以数据进行详细说明。KC调查的数据显示，在急诊室，医生诊断一位病人的时间为1小时40分钟左右，这是在1位医生同时诊断3位病人的情况下。而现在又多了一位病人，医生突然之间需要一次性诊断4位病人。你或许会认为每位病人的等待时间会因此大大增加，你会这样计算：1小时40分除以3，那么每位病人的看病时间便是33分钟左右，如果额外增加一位病人，那么每位病人的等待时间都将增加33分钟。但实际情况并非如此。同时处理多个任务会产生积极的影响，增加一位病人实际上提高了医生的工作效率。当急诊室医生需要诊断的病人数量从3个增加到4个时，他们的诊断速度会增加25%左右。第4位病人出现时，尽管医生需要同时兼顾的病人数量增加，但每位病人的看病时间仅仅增加了7分钟左右。

当工作相对容易时，增加工作量能够提升效率，因为较小的压力有助于认知能力的提高。在经历新的、意料之外的、无法掌控的事情时，我们的身体会分泌荷尔蒙，包括皮质醇、肾上腺素、去甲肾上腺素等激素，这些激素能够帮助我们应对压力。它们影响我们的海马体、杏仁体及大脑额叶——负责学习和记忆的最为重要的大脑结构。多任务处理通过间接的方式让我们的认知系统的这些部分发挥作用，帮助我们更好地完成工作。

但问题是，多任务并行带来的好处有一定的限度。到达某一临界点后，在多个任务之间相互转换带来的心理压力会超过较低压力水平带来的益处。就急诊室医生而言，当病人数量增加到达某一临界点即5~6个病人时，同时诊断多个病人的压力便会影响医生的工作效率。病人数量较少时增加一位病人能提高医生的工作效率，但病人数量较多时增加一位病人则会降低医生的工作效率。因为医生回顾病例、记忆待处理病人、回顾每位病人所做的身体检测是需要时间的，病人数量超过5人时，医生快速回顾病人情况的能力便会受到极大的影响。医生的精神带宽跟不上自己的需求，事实上他们诊断病人的速度降低了6%。用具体数字说明便是：当医生一次性诊断5位病人时，每位病人在急诊室的时长为2小时多一点；而一次性处理6位病人时，这一时长便会增至2小时40分。

在评估医生的业绩表现时也出现了类似的情况。病人数量较少时，病人数量增加能够提升医生对每位病人病情做出诊断的数量。这显然是好事，因为做出诊断便意味着医生已经了解病人的症状且病人们的问题在得到解决。在工作量较小时，同时处理多个病人能够提升对每位病人的诊疗质量。但是，当病人数量超过临界点，医生便无法继续保持同等效率了。病人数量一旦超过4人，医生给病人们的医嘱便会减少，有时医生甚至并未诊断出病人的病情就让他们"空手而归"。当工作量较大时,病人在 24 小时内重回急诊室的可能性也更高,说明他们的病情并未完全治愈便离开医院了。

总而言之,若医生同时处理的病人数量超过某一临界点(在此之前压力能够起到激励作用),病人在医院等待的时间便会更长,医生诊断病情的效率也会降低。

同时处理多个任务会对我们造成心理压力。有时,这种压力会激励我们更多、更快地思考,增加我们转换注意力的频率。就像急诊室里的医生一样,当我们并未受到充分的激励时,大脑的运转速度和效率会相对较低。适当施加压力能够激发我们的活力,当我们要求自己不局限于完成最少工作量时,便能够勇敢地迎接合理的挑战。但是,切忌超过临界点。如果我们同时处理的任务过多,便会适得其反。

如何解放大脑空间

一次性处理过多任务会为认知系统带来无法承受的巨大压力。但是,即便我们努力平衡心理状态、提升自身能力、塑造对自己而言最佳的生活方式,仍然会遇到需要在短时间内做大量工作的情况。那么,在超出自身能力范围时,我们应如何优化自身的表现?西班牙的神经科学家们的研究发现了克服疲劳的方法。[10]

他们在巴西足球运动员内马尔进行基础步法练习时对其进行了测试。可能有一些不认识内马尔的读者,我简单介绍一下他。内马尔是世界顶尖足球运动员之一,他在所效劳的每个球队都曾获得"足球先生"称号,而且不止一次。2017 年,他从巴塞罗那足球俱乐部转会至巴黎圣日耳曼足球俱乐部。后者开价 2.62 亿美元邀请内马尔加入,这是之前最高转会价格的 2 倍还多。内马尔的薪资也因此涨至每周将近 100 万美元。[11]

为了测试内马尔的大脑活动与其他经验相对较少的运动员的大脑活动是否存在差异,研究人员特别关注了内马尔在移动脚步时的大脑活动,然后将其与另外 4 位参加西班牙足球乙级联赛的职业足球运动员、2 位与内马尔年龄相当的西班牙国家级游泳运动员和 1 位业余足球运动员的大脑活动进行比较。

每位运动员跟随节拍器移动双脚,模拟跑步时的脚步,同时轮流接受功能性磁共振成像仪的扫描。此外,研究人员还拍摄了一段视频,用于记录运动员移动脚步的频率。在之后回顾视频时,研究人员确保了运动员大脑活动的差异并不是因为身体活动的差异造成的。尽管这些接受测试的人运动经验不同,但他们的脚在测试时以同样的方式移动。

研究人员发现,尽管脚步移动的方式相同,但内马尔的大脑活跃度低于其他人。内马尔大脑中负责足部运动的运动皮质中的小块区域活跃度尤其低。换言之,在内马尔大脑中负责脚步移动的神经细胞及神经处理能力要远低于其他职业足球运动员、业余足球运动员和游泳运动员(游泳运动员训练的脚步移动方式与足球运动员不同)。练习的影响十分特别——不仅是对内马尔的大脑有影响,我们所有人的大脑都会因练习而改变。如果我们坚持练习,久而久之养成习惯或每日惯例,我们就能够腾出更多的心力,把这些省出来的心力用于其他地方。最终使我们能够同时兼顾的任务数量得到提升，受到的负面影响减少，因为这些工作并不需要耗费过多脑力。

内马尔在足球领域成绩斐然，在他移动脚步时，大脑只需进行少量的计算，而这种情况并不只在他一人身上体现。实际上，许多领域的专家在做本领域的事情时，大脑中负责处理该事情的部分活跃度都相对较低。例如，相较于非专业的钢琴家，专业钢琴家在移动手指时运动皮质的活跃度相对较低；[12] 有一款会在屏幕边缘上不断跳出东西的电子游戏，玩家需要对此快速做出反应，而相较于业余赛车手，F1赛车手在玩这款游戏时，他们大脑中负责视觉和空间关系的部分活跃度相对较低；[13] 相较于从未参加过专业比赛的人，专业气手枪运动员在射击时大脑活跃度相对较低，尤其是负责视觉、专注力及运动的大脑区域；[14] 相较于业余选手，美国女子职业高尔夫协会成员在挥杆打球前大脑活跃度相对较低；[15] 相较于经验匮乏的鼓手，专业鼓手在想象自己打鼓的画面时，大脑中负责同步听觉和视觉信息的区域活跃度更低。[16]

有一大午饭时，我问纽约大学的同事苏珊·迪克，在她看来这些研究的核心要点是什么，我直接提出了这个问题，完全是出于个人好奇。

"我坚持练习的几个月里大脑发生了哪些变化？"

她笑着说："我不知道，我又不是这个领域的博士。"

我并不是坐在躺椅上和我母亲讨论自己童年时期的人际关系（我那时的人际关系其实非常不错，除青少年时期的一小段时间外，我承认那是我的错），但我想要请她对我的情况进行推测——她从未研究过我。尽管她这么说，但她的真实专业与此相差无几。迪克是一名神经科学家，专门研究在人们在日常生活中大脑节律的变化，她并不是那种在密不透风的、与外界隔绝的实验室中工作的人。她告诉我，这并不是因为专家的大脑相对较小，也不是因为他们的大脑与初学者的大脑之间存在差异。为了能够达到专业水准，初学者需要耗费更多脑力，因此相较于经验丰富的专家，他们的这些大脑区域会更加活跃。专业水平的提高伴随着神经效益的提升，这能够让我们腾出更多的认知资源用于其他工作当中。相比初学者，专业人士更擅长同时处理多任务并行的情况，原因之一便是他们拥有更多的脑力去处理障碍。

就我个人而言，这些研究结果激励我进一步努力练习。如果我努力练习这首歌曲，演奏它对我来说便不再是一件耗费脑力的事情，我能够利用多余的认知资源将这首歌演奏得更好。但是，为了提升专业能力，我必须首先打牢基础。那句老话同样也适用于此：通往卡内基音乐厅的道路只有一条，那就是练习！练习！再练习！

所以，在距离我的首次击鼓演出还剩两周的时间时，我终于接受了现实——在现有的工作的基础上寻找碎片时间练习打鼓对我来说没有丝毫作用。我的时间表早已排满，在完成其他事情的基础上叠加练习并不能提高我的练习质量。我知道问题出在何处，也知道解决方法。说实话，我并不喜欢打鼓——因为我无法灵活掌控自己的四肢。因此，我一直拖延，拒绝全身心投入其中，尽管我知道自己必须这样做。练习是唯一的解决方法。

我做好全身心投入的准备。我把马修送到他的爷爷奶奶家，还有他的毛绒玩具熊、满满一盒食物、整整一包可洗颜料和几套衣服。在我的下一个练习阶段，我想自己可能会给他打包一个行李箱和小冰箱，因为他可能得在爷爷奶奶家待上一段时间。我单曲循环播放《你的爱》，我反复听这首歌，直到我感觉整个房间似乎都在旋转，这并不是因为迪斯科灯球。晚餐是晶磨牌麦片喝红酒，而且不止一次这样，这个时候做饭已经不是首要事情了。登场表演的时间一天天逼近，我必须学会这首歌。

我们现在称之为"音乐房"的房间整个夏天都干燥凉爽，温度保持在约 22 摄氏度，我可不想练得汗流浃背。但是，这次练习时，仅仅一小时我的脸便开始发烫。我感到有些闷热，当我的目光停留在架子鼓旁边的恒温器上时，我看到由于我的努力练习（或许是因为音响开得太久），房间的温度竟然提升了一度！我真的在努力练习！这是我练习了整整一个下午的结果。之后我耳鸣了好几个小时，但是感觉很棒，我取得了实打实的进步。这几个月来，我一直无法完全掌握小过门，也无法协调四肢，但现在我能够流畅地演奏了，而且并不是偶然性的。

或许神经科学家们没有兴趣研究我在练习打鼓时的人脑变化，或许他们知道我的水平还不足以达到专业水准。但是，我感觉那天我的大脑得到了真正的锻炼。我并非专业鼓手，也不会在野外合唱团的巡演中被叫去做替补。但是，我确信自己的大脑要比之前更加灵活了，多任务处理的能力也得到了进一步提升。

10
登台亮相

表演那天，我刚起来就看到满床的呕吐物。准确地说，马修把昨晚的晚饭都吐到他自己的床上了，我认为"元凶"就是他坚持要吃的那半块西瓜。所有东西都需要清洗，包括马修自己。我用90分钟的时间清理马修为我带来的"惊喜"，同时我还要为表演做一些准备工作（因为我没有其他帮手）。正因为如此，直到拆开装有演出定制T恤的箱子时，我才发现衣服上的图案有问题。上面虽然是我双手拿着鼓槌的照片，但印在上面的演出标语"Pony Up: The One-Trick Tour（单曲演出）"的字母顺序却与我们读书时的一贯顺序不同，需要从右往左看。

我急忙用家用转印纸做了一批T恤。这批衣服虽然质量一般，但至少不用照着镜子才能看清楚标语。我将这些我刚刚印完，还有些余温的T恤堆叠在一起，供出席活动的客人领取。那些文字印反的T恤也被我放了进去，我想那些喜欢表达讽刺意象的人或许会对这种颠倒的形象感兴趣。总之，整场演奏就像"镜中奇遇记"一样，T恤上我手持鼓槌的画面加上顺序倒置的标语都充分体现了这一点。

　　我把演出的标志和口号也印在了光盘盒上。我特意将塑料材质的光盘盒中放置碟片的地方留出来并附上一张小纸条，提示观众们可以用这个存放自己喜欢的音乐光盘。我相信如果不把自己演奏的录音放入其中，它会更受欢迎。我在冰箱里放满了红酒和啤酒，酒瓶上都贴上了演出的图标。我设计了多个版本的演出海报，海报上我将自己称为有个人特色的艺术家，海报上面还印有（前）唱片艺术家野外合唱团，毕竟我是跟着他们的专辑里的歌曲演奏的。我提前在一些海报上签上了我的名字，妄想演出结束后观众会疯抢这些海报。

　　正式表演前，我关掉"音乐房"的所有灯光，打开迪斯科灯球。我还在放置纪念品的桌子周围布置了起点缀作用的圆球灯。我检查了鼓槌是否在上次排练时被我摔坏。答案是没有，我还没有那么大的威力。

　　门打开了，人们陆续进场，十来个人争抢着大沙发上的座位。

　　我坐在鼓凳上，马修的朋友萨拉在反复确认她的耳机没有问题后，坐到了前排。

　　我打开音响，找到我要演奏的歌曲，并按下播放键。

　　我选择的这首歌曲在前一分钟由吉他手和主唱开场，鼓手在一旁等待。我觉得这个选择既高明又有些钻空子。整首歌时长仅有 4 分钟，我需要学习的部分因此减少了 25%。但是最终场面却有些尴尬，我坐在鼓凳上和架子鼓面面相觑。我的母亲——多数时候十分善解人意，但有时也是一位直言不讳的评论家——告诉我她以为我当时是因为慌乱而僵住了。音响已经打开，所以我不能通过讲笑话来掩饰我的尴尬，不过在那个时间点上，我讲笑话的水平也许还不如我敲架子鼓的水平。

但是很快就到我的部分了。歌曲进入第四拍时我开始击打小鼓，之后在强拍时敲击吊镲。然后开始击打基本的摇滚节奏。我开始演奏了！

在两个八分音符之间的弱拍部分，我做到了自如地控制踩镲。此时，彼得对我笑了。我冲他眨了眨眼，为自己能够在协调四肢的同时保持大脑清醒而感到十分骄傲。

我甚至跨国直播了这场表演。我远在加拿大的姐姐通过直播观看了这场演出。她是一名专业音乐家和教授。尽管她几个小时前刚从泰国飞回加拿大，还因为食物中毒而感到身体不适，但我知道她在以仔细认真的、客观公正的态度聆听。听到我演奏的小鼓的切分音时，她肯定地点了点头，这是我前一周花了 4 个小时左右不断完善的部分。

另外，我还把这场演出录制下来，寄给了一位表兄，他是一名鼓手。当他听到我演奏的音乐时，他告诉我这首歌正是他每天晚饭后洗碗时会听的。我希望我的表演能够让他在早餐后洗碗时也以这首歌为背景音乐。

有几次，当我没有像布谷鸟自鸣钟里的小鸟一样在脑海中数拍子时，我环顾了一下房间。我看到我父亲突然拿出手机，打开屏幕，然后在他的头上挥动。他是在要求我加演节目吗？还是想要照亮出去的路？我看到彼得在教马修竖起大拇指。马修还没有学会协调 5 根手指，他同时竖起大拇指和食指，看起来像是在模拟左轮手枪。我不知道他想要表达什么，或许他想说："你为什么不直接一枪打死我？"

但是说实话，我对这个判断持怀疑态度，因为我做得太棒了！

在歌曲的第3段，我精准地敲到落地鼓。我在落地鼓和小鼓、16分音符和8分音符之间快速转换，然后击打重音镲，开启整首歌的最后一段。我每隔一个节拍便击打一次节奏镲，推动音乐节奏前进。不过在最后一个切分音处，我的基调强节奏结束得太晚了，但那个时候，房间里一半的人都在舞蹈，没有人注意到。我一边击打重音镲，一边剧烈摇摆身体，最后轻击溅音镲结束了演奏。我把鼓槌抛向空中，鼓槌转了360度，又回到我的手中。简直是摇滚明星的风格！

观众开始鼓掌，尽管我已经做好播放音乐活跃气氛的准备。一些观众突然站起来，向放置纪念品的桌子走去。我将单词顺序倒置的T恤和其他T恤分开摆放，但是两者都可以取用。令我惊讶的是，竟然没有人注意到印刷错误。甚至有一位粉丝，如果我可以这样说的话，将第一版T恤带回家做纪念，她认为这件衣服极具当代风格，令人耳目一新。那些不了解我们之间的友谊的人或许不会理解这种行为。

观众要求加演一曲。他们一定没有仔细看演唱会海报上的文字："The One-Trick Tour"，这就好像每位只有一个孩子的朋友在我问到是否想再要一个孩子时会告诉我的："不想要了，一个足矣。"

我从一个架子鼓初学者摇身一变成为"一曲成名的鼓手"，在这段自我发现的过程中，我收获了许多宝贵的经验教训。我不适合印刷T恤便是其中之一。实际上，T恤的印刷错误或许是我从这段经历中获得的最大教训。我们所看到的也许和别人看到的不一样，每个人的视角都是独特的，而视角的灵活性便意味着潜在的机会。通过我本人的例子可以证明，眼睛有时为了帮助我们更好地实现愿望，未必能看到书本（或 T 恤）上的文字。

利用四种视觉工具，提升心理健康程度

在我们的心理机制中有一个部分被社会心理学家称为"心理免疫系统"。就像身体能够通过抵御细菌和病毒而变得强壮一样，我们的大脑也会通过一定的方式帮我们保持心理健康。

我们来看看下面这个例子：比利时根特大学的研究人员采访了近 400 名比利时歌手，这些歌手当时正在试镜一个可能会让他们的职业生涯一飞冲天的电视节目。[1] 试镜前一周，研究人员问参赛者，如果比赛失败，他们会有何感受？参赛者的答案大体上一致——会感到难过、失落。不幸的是，对于大多数参赛者来说，没有晋级便意味着明星梦的破碎。但是，当研究人员两天后问参赛者赛况如何时，之前觉得自己会伤心欲绝的人却"情绪平平"。他们并没有如自己预期的那般痛苦。

我们也许会在 3~5 岁的孩子收到一张而非两张贴纸作为奖励时，看到预期的失望情绪与实际的积极情绪之间的差异；而在失业者、身患重伤的人、经历悲剧的人身上却没有那样明显。我们的韧性比想象中更强。[2]

我们在新闻报道中会看到很多身处逆境的人的精神状态。我们会想"你们拼命努力，最终却没有成功，而且还放弃了很多东西"，因

此，我们认为这些身处逆境的人会灰心丧气，并认为他们自己也是这样认为的。但实际上他们并没有如我们认为的那样。

这便是心理免疫系统的保护作用。生活中的不幸对他们造成的打击要远小于他们自己的预期。我们的认知系统能够"烹饪"出美味的食物，它可以帮我们把生活中的"酸柠檬"制成一杯意料之外的美味柠檬水。

我在一项研究中问参与者：如果当地一家机构正在为全国癌症调研募款，他们是否会出一份力。[3]大多数人——实际上，80%的人——的回答是"当然会"，并表示慷慨大方是他们性格中很重要的一个部分。但是，在日常生活中我们会遇到各种阻碍我们将计划转化为行动的困难，而且这些困难很难预测。募捐结束后，当我们调查参与者的实际捐赠情况时，结果显示，仅有30%的人进行了捐赠。我们的善意并不是都能够转化为实际行动。

但我们在努力隐瞒这个事实，也许我们自己是最直接的被隐瞒对象。

心理免疫系统便是在此时发挥作用的，不妨思考以下细节问题。在另一场备受瞩目的捐赠活动结束几天后，我调查了其中的参与者，问他们是否在活动中贡献了自己的力量。这次捐赠要求付出的时间更多、捐助的金额更大，因此相比之前那次，这次的支持率也更低（仅有6%的人表示自己参与了捐赠）。这一结果与当地媒体的报道一致。参与者在回答问题时十分坦诚，他们表示，尽管他们知道这个慈善机构值得自己付出，但他们并没有去做自己认为正确的事。但是，当我一个月后再次问他们是否愿意参与捐赠时，支持率迅速攀升。此时，他们已经记不清自己最初的行为，在调查中，他们只表现出了他们期望自己能够做到的事。

没有达到自己的预期会伤害我们的自尊，以更加有利于自己的方式记忆往事是我们自我保护的一种方式。为了让我们对已做和未做的事情感觉更好，大脑会对我们过往的记忆进行加工，就像善意的谎言一样，但是这种自我保护也会产生适得其反的效果。问题的关键是：准确记忆成功和失败对我们的成长至关重要。

本书提供了四种策略，旨在帮助读者重塑看待世界的方式，包括：聚焦、具象化、视觉框架、开阔视野。每个策略都有不同的功能，熟知每种策略能够帮助我们在面对人生重大挑战时更好地应对各种困难。

其中许多挑战需要我们克服大脑对我们的保护所导致的意料之外的结果。我们总是以积极眼光看待自己、看待周围的环境、看待未来。有时，看到优点、忽略缺点能够激励我们前进，有时却会让我们失去动力。

我们眼前的事物在很大程度上会影响我们的选择，这也是我们聚焦的事物会对日常生活产生如此巨大的影响的原因。当我们想要获得鼓励时，选择性的聚焦能让我们实现这一点。将视觉框架放在支持我们的人和可以令我们状态更好的事上能够让局面对我们更加有利。当我们精心设计自己所在的空间、将与目标相一致的视觉刺激物放入其中时，便能激发我们做出更好的决策。但是，如果我们聚焦于视觉刺激物，便会影响目标的最终实现。如果我们把应该放在碗里的"禁果"放在桌上，我们在路过的时候就一定会吃它，并且会咬上大大一口。

过度聚焦也会歪曲现实——但这种方法确实能够激励我们做出真正改变。当我们全神贯注于一个远大目标时，往往会产生一种目标近在眼前的错觉，误以为这个极具挑战性的目标近在咫尺且非常有可能实现。曾经那些看起来遥不可及的目标被认为是可以实现的。我们会放手一搏。

有时，过于关注胜利而忽略失败会让我们对自己目前的处境产生不准确的理解，阻碍我们继续努力。有时，在了解自己已经实现的东西的同时发现自己与目标之间的差距，才能帮助我们找到动力、完善计划。关注自己的选择的同时留意成功与磨难，能够让我们对自己更加坦诚，如果不这样做，我们的心理免疫系统或许会失灵。具象化既能够让我们对自己的错误负责，也会激励我们更好地为成功庆祝。将未来的目标以清晰具体的视觉图像呈现出来并辅以具体的行动计划才是对目标负责任的表现。通过具象化，我们可以用我们通常缺乏的清晰性来跟踪目标完成的进度。具象化帮助我们避免记忆偏差（这可能会让我们误以为自己所做的选择与未来的目标十分契合，但真正的选择却并非如此）——就像前文提到的调查中参与者发自内心地认为自己为慈善机构付出了时间、才智和金钱，但实际上他们什么都没做一样。

没有人喜欢感冒，至少在我认识的人当中没有。发烧出汗意味着要洗更多的衣物，流鼻涕让我们不得不反复去便利店购买纸巾，咳嗽会让我们在看电影或话剧时成为众矢之的。因此我们会通过各种药物减轻这些症状。但是，这些我们想尽办法想要避免的症状正是身体恢复过程中的重要标志。

我们的心理免疫系统也是以相同方式缓解选择或决策带来的负面影响的。[4]我们总有办法缓解自己对于减肥期间胡吃海喝的愧疚和减轻预算超支为我们带来的压力。尽管这些负面情绪会让我们感到不适，但如果我们能够切身感受它们，这些情绪往往会对我们的行动产生激励作用。我们不应该努力去遗忘那些让自己追悔莫及的判断失误，只有记住这些失误，我们才能在之后做得更好。

开阔视野可以帮助我们做到这一点。将画面拉远，着眼于更加广阔的生活经历能够更好地帮助我们找到适合自己的行为模式。当我们意识到我们的选择究竟是什么，而不完全是我们心中所想的样子，我们便可以将生活的各个部分以最优方式拼接起来。我们能够发现导致自己屡次做出相同选择的因素，无论是有利因素还是不利因素。我们能够更加清楚地看到自己当下的选择如何影响之后的结果，这会让我们避免做出对当下有利但稍后便会后悔的决定。

此外，开阔视野还能让我们看到完成工作的多种方式。知道有多条道路能够通往最终目标会为我们带来更多的可能性。这会敦促我们开始行动，在需要改变道路或重新开始时也能够减少负面影响。当多种选择能够起到激励作用时，开阔视野提供了一种让我们看到更多种选择的可能性。

演奏结束后，房间里的灯光昏暗，迪斯科灯球依然在旋转。我并不想让粉丝们感到头晕目眩，但是如果他们因为感觉很糟而想要离开，那么我希望他们离开是因为环境，而不是因为我的演奏。

最后，观众开始散场。我发现有些光盘盒被拿走了，具体原因我也不确定，因为现在已经没有人用光盘听歌了。卢拿了一张海报，却在出门时把海报忘在了我家。还有几件 T 恤被拿走了，或许是因为我在衣袖的位置夹上了 5 美元的钞票。

我为自己和我所取得的成就感到骄傲。实现目标所需的时间远超我的预期。我对敲架子鼓的兴趣也时高时低，会时不时地感到失落——直到我的练习得到了回报，演奏的音乐变得不那么难听。有时，我为自己选择这项挑战而感到烦恼。当然，我也想要保持冷静。但是，我选择同时做全职工作、抚养孩子（如今他已经处于学步阶段，既让人喜欢，又让人忧愁）、学习打鼓，并就这一主题进行写作，兼顾这些的压力有时会让我喘不过气来。

但我并没有放弃。我将本书中提到的四种策略用在了自己的经历当中，它们十分有效。当然，当下适用的东西或许之后会失效。针对阻碍自身进步的因素，我既无法通过权宜之计去克服，也没有一劳永逸的解决方案。这便是真正的生活，通常情况下，为我们带来最大程度的快乐的东西都需要付出真正的努力。

最后，我实现了自己的目标。以后如果在后台遇到想要翻唱野外合唱团的这首歌曲的乐队，而乐队的鼓手恰好不在，那么我便可以借机一展身手。下次我去看彼得和他们乐队的演唱会，如果旁边有人认出我是他的妻子（或许是因为我穿了一件印有他头像的 T 恤——没错，我也为他做了一件），并问我有哪些音乐技能时，我便可以非常明确地说：我会打架子鼓。

致谢

我回顾完成这本书的过程,正如其他作者常在书中写的一样,多亏各位朋友、家人的鼎力相助,我想要在这里向他们表达由衷的感谢。我的经纪人理查德·派因和他在 Inkwell 出版公司的团队为我对本书的初步想法插上了翅膀,他们耐心地见证了本书从初期成长到现在的全过程。马尼·科克伦以敏锐的编辑风格很好地驾驭了我在书中对奇闻逸事的描写,在我们沟通的过程中也展现了超高的情商。很高兴在这本书的创作过程中有她的陪伴。此外,我还要感谢 Ballantine Books 的工作人员,尤其是劳伦斯·克劳泽,他让我的语言更加清晰流畅,在他的敦促下我提早完成了这本书,并且整本书的质量在他的帮助下得到了全面的提高。

方法必不可少,但志向才是一切的源头。我决定写书的原始动力来自我的朋友们。我的同事亚当·奥尔特说服了我——他当时刚刚出版了第一本书,第二本书还未开始,我想他劝我的时候一定忘记了自己当初为赶稿熬了多少夜——他说写书是件很有趣的事。多数时候，他说的的确没错。他会毫不吝啬地与我分享他的知识与经验，每当我迷迷糊糊地进入写书的新阶段时，他都会给予我支持。我的伙伴，社会心理学家利兹·邓恩不仅教我冲浪（尽管我对冲浪还是一窍不通），还教我如何在写作和生活的其他方面实现快乐最大化。

作为一名科学家，我接受的训练教会我挖掘决定人们的人生经历的根源。尽管我进入了一流的学校，但能够找到知无不言又慷慨大方的导师完全凭借机遇和运气。我的博导是戴维·邓宁，我们共同发现了大脑会影响人类视觉体验的初始证据，当时我们两人都激动得欢呼起来。我的本科导师里克·米勒让我很早便知道在本专业仍有机会实现创新、拥有研究的自由，如果不是他，我或许很晚才会领悟到这一点。戴维·纳布让我知道突破传统的音乐育儿法才更加有趣（他选择迈尔斯·戴维斯的专辑作为育儿音乐）。我带的第一批博士生，我永远的朋友莎娜·科尔、雅艾尔·格拉诺特，她们在我初任教职时帮助我进一步完善自己。另外，我还要感谢2016年TED纽约大会的工作人员何秋香（音）、亚当·克罗普尼克、戴维·韦伯在我首次公开演讲时给予我的帮助。

书中有些故事来源于我的生活，但大部分都不是。感谢那些愿意与我分享自己传奇经历的人，他们让我的叙述更加丰富，非常感谢他们赠予我的"礼物"。感谢那些在大学时期选择我作为导师的学生，正是因为他们的帮助，才能产出如此之多的科学研究成果。

本书的一大目标是提醒人们意识到视觉可能是一个我们之前尚未发现的力量和灵感的来源。但家人的支持也是促使我不断前进的重要因素，我不会对此视而不见。我的母亲南希·芭丝苔是一所公立学校的教师。在整个职业生涯中，她教导孩子们讲述自己的故事，提升理解他人的故事的能力。她培养了我对阅读的热爱，这也是我现在近视的主要原因。小时候，我总是在睡觉前伴着夜灯阅读。在我学会动词变形之前，她便开始帮助我寻找适合我的写作风格。我的父亲马特·芭丝苔是一名专业治疗师，但对于我来说，他是我的第一位启蒙音乐老师。他每周接送我上下课，周末经常去观看我的音乐比赛，以便能够给予我最大的鼓励，无论是在音乐方面，还是在其他生活领域，现在依旧如此。还有我的姐姐艾莉森·芭丝苔，在她去往不同国家上大学之前，我们每周都会一起表演，尽管现在相隔千里，我们的心依旧在一起。她的丈夫达斯廷·格鲁埃教我在润色文章时如何恰当使用引语，在遣词造句时如何确定基本框架，这两种技能在我写书时都很有用。

最后，我想要感谢我的丈夫彼得·科里根，感谢他对我的信任，感谢他在本书尚未定稿之前便允许我将我们的日常生活写入书中。另外，和他一同踏上为人父母的旅程，我感到荣幸之至，尽管我因此有了无法消除的眼袋。抚养马修·科里根和创作本书是我目前人生中最困难的两件事情。马修是第一个知道我要写书的人，也是我完成本书后第一个与我一起吃冰激凌庆祝的人，这两次他都以微笑表示了对我的认可。希望将来有一天他能够因为是我的儿子而感到骄傲（当他理解这其中的意思，并原谅我曾在书中提及他婴儿时期的邋遢时）。能够成为他的妈妈，我十分骄傲且充满感激。

注释

01　寻找全新的前进道路

1. Pascual-Leone, A., and Hamilton, R. (2001). "The metamodal organization of the brain," *Progress in Brain Research* 134, 1–19.

2. Ohla, K., Busch, N. A., and Lundström, J. N. (2012). "Time for taste—A review of the early cerebral processing of gustatory perception," *Chemosensory Perception* 5, 87–99.

3. Pizzagalli, D., Regard, M., and Lehmann, D. (1999). "Rapid emotional face processing in the human right and left brain hemispheres: An ERP study," *NeuroReport* 10, 2691–98.

4. Fischer, G. H. (1968). "Ambiguity of form: Old and new," *Attention, Perception, & Psychophysics* 4, 189–92. For more great visual illusions, see Seckel, A. (2009). *Optical Illusions*. Buffalo, NY: Firefly Books.

5. Trainor, L., Marie, C., Gerry, D., and Whiskin, E. (2012). "Becoming musically

enculturated: Effects of music class for infants on brain and behavior," *Annals of the New York Academy of Sciences* 1251, 129–38.

6. Kirschner, S., and Tomasello, M. (2010). "Joint music making promotes prosocial behavior in 4-year-old children," *Evolution and Human Behavior* 31, 354–64.

7. NPR/PBS NewsHour/ Marist poll, November through December 4, 2018, maristpoll.marist.edu/wp-content/uploads/2018/12/NPR_PBS-NewsHour_Marist-Poll_USA-NOS-and-Tables_New-Years-Resolutions_1812061019-1.pdf#page=3.

8. American Psychological Association (2012). "What Americans think of willpower: A survey of perception of willpower and its role in achieving lifestyle and behavior-change goals," www.apa.org/helpcenter/stress-willpower.pdf.

9. For more on willpower, see Baumeister, R. F., and Tierney, J. (2012). *Willpower: Rediscovering the Greatest Human Strength*. New York: Penguin Books.

10. Erskine, J. A. K. (2008). "Resistance can be futile: Investigating behavioural rebound," *Appetite* 50, 415–21.

11. Clarkson, J. J., Hirt, E. R., Jia, L., and Alexander, M. B. (2010). "When perception is more than reality: The effects of perceived versus actual resource depletion on self-regulatory behavior," *Journal of Personality and Social Psychology* 98, 29–46.

12. Shea, A. (April 8, 2011). "Glass artist Dale Chihuly seduces eyes, and blows minds, at the MFA," WBUR News, www.wbur.org/news/2011/04/08/chi-

huly-profile.

02 寻找适合的目标进行挑战

1. For more on 3M's New Product Vitality Index, see www.cnbc.com/id/100801531.
2. Just, M. A., Keller, T. A., and Cynkar, J. (2008). "A decrease in brain activation associated with driving when listening to someone speak," *Brain Research* 1205, 70–80.
3. I had never before thought to look up a patent, but I did for Petzval's lens. The hand-drawn renderings are fascinating. You can find them here: US Grant US2500046 A, Willy Schade, "Petzval-type photographic objective," assigned to Eastman Kodak Co., published March 7, 1950.
4. Find out more about Provenzano's adventures as part of the Red Bull team here: www.redbull.com/us-en/athlete/jeffrey-provenzano.
5. Bisharat, A. (July 29, 2016). "This man jumped out of a plane with no parachute," *National Geographic,* www.nationalgeographic.com/adventure/features/skydiver-luke-aikins-freefalls-without-parachute;Astor, M. (July 30, 2016). "Skydiver survives jump from 25,000 feet, and without a parachute," *The New York Times,* www.nytimes.com/2016/07/31/us/skydiver-luke-aikins-without-parachute.html.
6. For more about Samuelson and other female athletes' stories, turn to Edelson, P. (2002). *A to Z of American Women in Sports.* New York: Facts on File.
7. Longman, J. (October 9, 2010). "Samuelson is still finding the symmetry in 26.2 miles," *The New York Times,* www.nytimes.com/2010/10/10/sports/10mara-

thon.html; Macur, J. (November 6, 2006). "In under three hours, Armstrong learns anew about pain and racing," *The New York Times,* www.nytimes.com/2006/11/06/sports/sportsspecial/06armstrong.html.

8. Sugovic, M., Turk, P., and Witt, J. K. (2016). "Perceived distance and obesity: It's what you weigh, not what you think," *Acta Psychologica* 165, 1–8; Sugovic, M., and Witt, J. K. (2013). "An older view of distance perception: Older adults perceive walkable extents as farther," *Experimental Brain Research* 226, 383–91.

9. Proffitt, D. R., Bhalla, M., Gossweiler, R., and Midgett, J. (1995). "Perceiving geographical slant," *Psychonomic Bulletin & Review* 2, 409–28.

10. For similar results, see Cole, S., Balcetis, E., and Zhang, S. (2013). "Visual perception and regulatory conflict: Motivation and physiology influence distance perception," *Journal of Experimental Psychology: General,* 142, 18–22.

11. Cole, S., Riccio, M., and Balcetis, E. (2014). "Focused and fired up: Narrowed attention produces perceived proximity and increases goal-relevant action," *Motivation and Emotion,* 38, 815–22.

12. Robinson, R. (September 16, 2018). "Eliud Kipchoge crushes marathon world record at Berlin Marathon." *Runner's World,* www.runnersworld.com/news/a23244541/berlin-marathon-world-record.

13. Board of Governors of the Federal Reserve System (2018). "Report on the economic wellbeing of U.S. households in 2017–2018," www.federalreserve.gov/publications/2018-economic-well-being-of-us-households-in-2017-retirement.htm.

14. VanDerhai, J. (2019). "How retirement readiness varies by gender and family

status: A retirement savings shortfall assessment of gen Xers," *Employee Benefit Research Institute* 471, 1–19.

15. Fontinelle, A. (October 3, 2018). "Saving for retirement in your 20s: Doing the math." *Mass Mutual Blog,* blog.massmutual.com/post/saving-for-retirement-in-your-20s-doing-the-math.

16. Hershfield, H. E., Goldstein, D. G., Sharpe, W. F., Fox, J., Yeykelis, L., Carstensen, L. L., and Bailenson, J. N. (2011). "Increasing saving behavior thorugh ageprogressed renderings of the future self," *Journal of Marketing Research* 48, 23–37.

17. Van Gelder, J-L., Luciano,E. C., Kranenbarg, W. E., and Hershfield, H. E. (2015). "Friends with my future self: Longitudinal vividness intervention reduces delinquency," *Criminology* 53, 158–79.

18. Hershfield, H. E., Cohen,T. R., and Thompson, L. (2012). "Short horizons and tempting situations: Lack of continuity to our future selves leads to unethical decision making and behavior," *Organizational Behavior and Human Decision Processes* 117, 298–310.

19. Ibid.

20. PBS produced a documentary series on the civil rights movement that aired in 1987 called *Eyes on the Prize,* so named for Wine's song, which is used in each episode as the opening theme.

03　制订一个完整的计划

1. Byrne, R. (2006). *The Secret*. New York: Atria Books/Beyond Words.

2. *O, The Oprah Magazine* cover (December 2009).

3. TD Bank (2016). "Visualizing goals influences financial health and happiness, study finds," newscenter. td.com/us/en/news/2016/visualizing-goals-influences-financial-health-and-happiness-study-finds.

4. Kappes, H. B., and Oettingen, G. (2011). "Positive fantasies about idealized futures sap energy," *Journal of Experimental Social Psychology* 47, 719–29.

5. Pham, L. B., and Taylor, S. E. (1999). "From thought to action: Effects of processversus outcomebased mental simulations on performance," *Personality and Social Psychology Bulletin* 25, 250.

6. Center for Responsive Politics (October 22, 2008). "U.S. election will cost $5.3 billion, Center for Responsive Politics predicts," OpenSecrets.org, www.opensecrets.org/news/2008/10/us-election-will-cost-53-billi.

7. Rogers, T., and Nickerson, D. (2010). "Do you have a voting plan? Implementation intentions, voter turnout, and organic plan making," *Psychological Science* 21, 194–99.

8. Morgan, J. (March 30, 2015). "Why failure is the best competitive advantage," *Forbes*, www.forbes.com/sites/jacobmorgan/2015/03/30/why-failure-is-the-best-competitive-advantage/#2e4f52e959df.

9. Kaufman, P. D., ed. (2005). *Poor Charlie's Almanack: The Wit and Wisdom of Charles T. Munger*. Infinite Dreams Publishing.

10. Crouse, K. (August 16, 2008). "Phelps's epic journey ends in perfection," *The New York Times,* www.nytimes.com/2008/08/17/sports/olympics/17swim.html; Crumpacker, J. (August 13, 2008). "There he goes again: More gold for Phelps," *SFGate,* www.sfgate.com/sports/article/There-he-goes-again-more-

gold-for-Phelps-3273623.php.

11. Fishbach, A., and Hofmann, W. (2015). "Nudging self-control: A smartphone intervention of temptation anticipation and goal resolution improves everyday goal progress," *Motivation Science* 1, 137–50.

12. Gallo, I. S., Keil, A., McCulloch, K. C., Rockstroh, B., and Gollwitzer, P. M. (2009). "Strategic automation of emotion regulation," *Journal of Personality and Social Psychology* 96, 11–31.

13. Mann, T. J., Tomiyama, A. J., Westling, E., Lew, A.-M., Samuels, B., and Chatman, J. (2007). "Medicare's search for effective obesity treatments: Diets are not the answer," *American Psychologist* 62, 220–33.

14. For more information on how foreshadowing failure can assist in dieting, see Henneke, M., and Freund, A. M. (2014). "Identifying success on the process level reduces negative effects of prior weight loss on subsequent weight loss during a low-calorie diet," *Applied Psychology Health and Well-Being* 6, 48–66.

04　成为你自己的会计师

1. *Bird Songs,* the Grammy-nominated recording, is the twenty-second album by Joe Lovano, featuring Francisco Mela, Esperanza Spalding, James Weidman, and Otis Brown III, released by the Blue Note label in 2011.

2. Hollis, J. F., et al., for the Weight Loss Maintenance Trial Research Group (2008). "Weight loss during the intensive intervention phase of the weight-loss maintenance trial," *American Journal of Preventive Medicine* 35, 118–26.

3. Olson, P. (February 4, 2015). "Under Armour buys health-tracking app MyFitnessPal for $475 Million," *Forbes,* www.forbes.com/sites/parmyolson/2015/02/04/myfitnesspal-acquisition-under-armour/#352145e46935.

4. For more information on Nathan DeWall's running career, see his *New York Times* article "How to run across the country faster than anyone" (October 26, 2019), www.nytimes.com/2016/10/26/well/move/how-to-run-across-the-country-faster-than-anyone.html.

5. U.S. Courts (March 7, 2018). "Just the facts: Consumer bankruptcy filings, 2006–2017," www.uscourts.gov/news/2018/03/07/just-facts-consumer-bankruptcy-filings-2006-2017#table1.

6. Center for Microeconomic Data (November 2018). "Quarterly report on household debt and credit," www.newyorkfed.org/medialibrary/interactives/householdcredit/data/pdf/HHDC_2018Q3.pdf.

7. Ibid.

8. ValuePenguin (March 2019). "Average credit card debt in America," www.valuepenguin.com/average-credit-card-debt.

9. For more from Ariely's interview, see www.nytimes.com/2016/04/13/technology/personaltech/googles-calendar-now-finds-spare-time-and-fills-it-up.html.

10. Ariely, D., and Wertenbroch, K. (2002). "Procrastination, deadlines, and performance: Self-control by precommitment," *Psychological Science* 13, 219–24.

11. Kruger, J., and Evans, M. (2004). "If you don't want to be late, enumerate: Unpacking reduces the planning fallacy," *Journal of Experimental Social Psychology* 40, 586–98.

12. Buehler, R., Griffin, D., and MacDonald, H. (1997). "The role of motivated reasoning in optimistic time predictions," *Personality and Social Psychology Bulletin* 23, 238–47.
13. Koehler, D. J., White, R. J., and John, L. K. (2011). "Good intentions, optimistic selfpredictions, and missed opportunities," *Social Psychological and Personality Science* 2, 90–96.

05 目之所见，心之所想

1. Lupi, G., and Posavec, S. (2016). *Dear Data.* New York: Princeton Architectural Press. To see Lupi and Posavec's postcards online, visit www.moma.org/artists/67122.
2. The Senate has archived records of the candy desk. Learn more here: www.senate.gov/artandhistory/art/special/Desks/hdetail.cfm?id=1.
3. Roubein, R., and *National Journal* (June 1, 2015). "How senators pick their seats: Power, friends and proximity to chocolate," *The Atlantic,* www.theatlantic.com/politics/archive/2015/06/how-senators-pick-their-seats-power-friends-and-proximity-to-chocolate/456015.
4. Thaler, R. H. (2009). "Do you need a nudge?" *Yale Insights,* insights.som.yale.edu/insights/do-you-need-nudge.
5. Battaglia-Mayer, A., and Caminiti, R. (2002). "Optic ataxia as a result of the breakdown of the global tuning fields of parietal neurons," *Brain* 125, 225–37.
6. Wood, W., and Ruenger, D. (2016). "Psychology of habits," *Annual Review of Psychology* 37, 289–314.

7. Clifford, S. (April 7, 2011). "Stuff piled in the aisle? It's there to get you to spend more," *The New York Times,* www.nytimes.com/2011/04/08/business/08clutter.html.

8 Cohen, D. A., Collins, R., Hunter, G., Ghosh-Dastidar, B., and Dubowitz, T. (2015). "Store impulse marketing strategies and body mass index," *American Journal of Public Health* 105, 1446–52.

9. *Federal Trade Commission Cigarette Report for 2017,* www.ftc.gov/system/files/documents/reports/federal-trade-commission-cigarette-report-2017-federal-trade-commission-smokeless-tobacco-report/ftc_cigarette_report_2017.pdf.

10. Nakamura, R., Pechey, R., Suhrcke, M., Jebb, S. A., and Marteau, T. M. (2014). "Sales impact of displaying alcoholic and non-alcoholic beverages in end-of-aisle locations: An observational study," *Social Science & Medicine* 108, 68–73.

11. Dunlop, S., et al. (2015). "Out of sight and out of mind? Evaluating the impact of point-of-sale tobacco display bans on smoking-related beliefs and behaviors in a sample of Australian adolescents and young adults," *Nicotine and Tobacco Research* 761–68.

12. Thorndike, A. N., Riis, J., Sonnenberg, L. M., and Levy, D. E. (2014). "Traffic-light labels and choice architecture: Promoting healthy food choices," *American Journal of Preventive Medicine* 46, 143–49.

13. Stone, M. (November 2, 2015). "Google's latest free lunch option is a fleet of 20 fancy food trucks—and the food looks incredible," *Business Insider,* www.businessinsider.com/googles-latest-free-lunch-option-is-a-fleet-of-20-fancy-food-trucks-and-the-food-looks-incredible-2015-10; Hartmans, A.

(August 26, 2016). "21 photos of the most impressive free food at Google," *Business Insider,* www.businessinsider.com/photos-of-googles-free-food-2016-8.

14. Kang, C. (September 1, 2013). "Google crunches data on munching in office," *Washington Post,* www.washingtonpost.com/business/technology/google-crunches-data-on-munching-in-office/2013/09/01/3902b444-0e83-11e3-85b6-d27422650fd5_story.html. For more of Google's health nudges, see abcnews.go.com/Health/google-diet-search-giant-overhauled-eating-options-nudge/story?id=18241908.

15. Davis, E. L., Wojtanowski, A. C., Weiss, S., Foster, G. D., Karpyn, A., and Glanz, K. (2016). "Employee and customer reactions to healthy instore marketing interventions in supermarkets, *Journal of Food Research* 5, 107–113.

16. Glanz, K., and Yaroch, A.L. (2004). "Strategies for increasing fruit and vegetable intake in grocery stores and communities: Policy, pricing, and environmental change," *Preventive Medicine* 39, 75–80.

17. Wakefield, M., Germain, D., and Henriksen, L. (2008). "The effect of retail cigarette pack displays on impulse purchase," *Addiction* 103, 322–28.

18. Wood, W., Tam, L., and Witt, M. G. (2005). "Changing circumstances, disrupting habits," *Journal of Personality and Social Psychology* 88, 918–33.

19. Mirenowicz, J., and Schultz, W. (1996). "Preferential activation of midbrain dopamine neurons by appetitive rather than aversive stimuli," *Nature* 379, 449–51.

20. Holland, R. W., Aarts, H., and Langendam, D. (2006). "Breaking and creating habits on the working floor: A field-experiment on the power of

implementation intentions," *Journal of Experimental Social Psychology* 42, 776–83.

06　正确解读他人情绪

1. Baumeister, R. F., Campbell, J. D., Krueger, J. I., and Vohs, K. D. (2003). "Does high self-esteem cause better performance, interpersonal success, happiness, or healthier lifestyles?" *Psychological Science in the Public Interest* 4, 1–44.
2. Koo, M., and Fishbach, A. (2008). "Dynamics of self-regulation: How (un)accomplished goal actions affect motivation," *Journal of Personality and Social Psychology* 94, 183–95.
3. Wood, L. M., Parker, J. D., and Keefer, K. V. (2009). "Assessing emotional intelligence using the Emotional Quotient Inventory (EQ-i) and related instruments," in *Assessing Emotional Intelligence* (pp. 67–84). Boston: Springer. For more on emotional intelligence, see Bradberry, T., and Greave, J. (2009). *Emotional Intelligence 2.0*. San Diego: TalentSmart; Salovey, P., and Mayer, J. D. (1990). "Emotional intelligence," *Imagination, Cognition, and Personality* 9, 185–211.
4. Wilderom, C. P. M., Hur, Y., Wiersma, U. J., Van Den Berg, P. T., and Lee, J. (2015). "From manager's emotional intelligence to objective store performance: Through store cohesiveness and sales-directed employee behavior," *Journal of Organizational Behavior,* onlinelibrary.wiley.com/doi/abs/10.1002/job.2006.

5. Shouhed, D., Beni, C., Manguso, N., IsHak, W. W., and Gewertz, B. L. (2019). "Association of emotional intelligence with malpractice claims: A review," *JAMA Surgery* 154 (3), 250–56.

6. Elfenbein. H. A., Foo, M. D., White, J., Tan, H. H., and Aik, V. C. (2007). "Reading your counterpart: The benefit of emotion recognition accuracy for effectiveness in negotiation," *Journal of Nonverbal Behavior* 31, 205–23.

7. Du, S., and Martinez, A. M. (2011). "The resolution of facial expressions of emotion," *Journal of Vision* 11, 1–13.

8. Ekman, P., and O'Sullivan, M. (1991). "Who can catch a liar?" *American Psychologist* 46, 913.

9. For more on the muscles that differentiate one facial expression from another, see Ekman, P., Friesen, W. V., and Hager, J. C. (2002). *Facial Action Coding System: The Manual* on CD-ROM. Salt Lake City: A Human Face.

10. Beck, J. (February 4, 2014). "New research says there are only four emotions," www.theatlantic.com/health/archive/2014/02/new-research-says-there-are-only-four-emotions/283560.

11. Brady, W. J., and Balcetis, E. (2015). "Accuracy and bias in emotion perception predict affective response to relationship conflict," in *Advances in Visual Perception Research* (pp. 29–43). Hauppauge, NY: Nova Science Publishers.

12. Gallo, C. (May 16, 2013). "How Warren Buffett and Joel Osteen conquered their terrifying fear of public speaking," *Forbes,* www.forbes.com/sites/carminegallo/2013/05/16/how-warren-buffett-and-joel-osteen-conquered-their-terrifying-fear-of-public-speaking/#667d5529704a.

13. Shasteen, J. R., Sasson, N. J., and Pinkham, A. E. (2014). "Eye tracking the

face in the crowd task: Why are angry faces found more quickly?" *PLOS ONE* 9, 1–10.

14. Sanchez, A., and Vazquez, C. (2014). "Looking at the eyes of happiness: Positive emotions mediate the influence of life satisfaction on attention to happy faces," *Journal of Positive Psychology* 9, 435–48.

15. Waters, A. M., Pittaway, M., Mogg, K., Bradley, B. P., and Pine, D. S. (2013). "Attention training towards positive stimuli in clinically anxious children," *Developmental Cognitive Neuroscience* 4, 77–84.

16. Dandeneau, S., and Baker, J. (2007). "Cutting stress off at the pass: Reducing vigilance and responsiveness to social threat by manipulating attention," *Journal of Personality and Social Psychology* 93, 651–66.

17. Ibid.

18. Dweck, C. S. (2007). *Mindset: The New Psychology of Success.* New York: Ballantine Books.

19. Moser, J. S., Schroder, H. S., Heeter, C., Moran, T. P., and Lee, Y.-H. (2011). "Mind your errors: Evidence for a neural mechanism linking growth mind-set to adaptive posterror adjustments," *Psychological Science* 22, 1484–89.

20. Goodman, F. R., Kashdan, T. B., Mallard, T. T., and Schumann, M. (2014). "A brief mindfulness and yoga intervention with an entire NCAA Division I athletic team: An initial investigation," *Psychology of Consciousness: Theory, Research, and Practice* 1, 339–56.

21. Lieber, A., director (2018). *Bethany Hamilton: Unstoppable.* Entertainment Studios Motion Pictures.

22. Deci, E. L., Connell, J. P., and Ryan, R. M. (1989). "Self-determination in a

work organization," *Journal of Applied Psychology* 74, 580–90.

23. Forest, J., Gilbert, M.-H., Beaulieu, G., Le Brock, P., and Gagne, M. (2014). "Translating research results in economic terms: An application of economic utility analysis using SDT-based interventions," in M. Gagne, ed., *The Oxford Handbook of Work Engagement, Motivation, and Self-Determination Theory*, 335–46. New York: Oxford University Press.

07 放弃禁果，感知模式

1. Hofmann, W., Baumeister, R. F., Förster, G., and Vohs, K. D. (2012). "Every day temptations: An experience sampling study of desire, conflict, and self-control," *Journal of Personality and Social Psychology* 102, 1318–35.

2. Baskin, E., Gorlin, M., Chance, Z., Novernsky, N., Dhar, R., Huskey, K., and Hatzis, M. (2016). "Proximity of snacks to beverages increases food consumption in the workplace: A field study," *Appetite* 103, 244–48.

3. Cole, S., Dominick. J. K., and Balcetis, E. (2019). "Out of reach and under control: Distancing as a self-control strategy," research presented at the Society for the Study of Motivation, 2015 Conference, New York.

4. The original studies were conducted at Western Electric's telephone manufacturing factory Hawthorne Works, near Chicago, between 1924 and 1933. The patterns are now referred to as the "Hawthorne effect." They are described here: Mayo, E. (1933), *The Human Problems of an Industrial Civilization*. New York: Macmillan; Roethlisberger, F. J., and Dickson, W. J. (1939). *Management and the Worker*. Cambridge, Mass: Harvard University Press; Gillespie, R.

(1991). *Manufacturing Knowledge: A History of the Hawthorne Experiments.* Cambridge, Mass.: Harvard University Press.

5. Engelmann, J. M., and Rapp, D. J. (2018). "The influence of reputational concerns on children's prosociality," *Current Opinion on Psychology* 20, 92–95.

6. Carbon, C.-C. (2017). "Art perception in the museum: How we spend time and space in art exhibitions," *I-Perception* 8, 1–15.

7. Wiebenga, J., and Fennis, B. M. (2014). "The road traveled, the road ahead, or simply on the road? When progress framing affects motivation in goal pursuit," *Journal of Consumer Psychology* 24, 49–62.

8. Fishbach, A., and Myrseth, K.O.R. (2010). "The dieter's dilemma: identifying when and how to control consumption," in Dubé, L., ed., *Obesity Prevention: The Role of Society and Brain on Individual Behavior* (pp. 353–63). Boston: Elsevier.

9. Allen, S. (2001). "Stocks, bonds, bills and inflation and gold," InvestorsFriend, www.investorsfriend.com/asset-performance.

10. Benartzi, S., and Thaler, R. H. (1993). "Myopic loss aversion and the equity premium puzzle," National Bureau of Economic Research, dx.doi.org/10.3386/w4369.

11. Kirschenbaum, D. S., Malett, S. D., Humphrey, L. L., and Tomarken, A. J. (1982). "Specificity of planning and the maintenance of self-control: 1 Year follow-up of a study improvement program, *Behavior Therapy* 13, 232–40.

12. Buehler, R., Griffin, D., and Ross, M. (1994). "Exploring the 'planning fallacy': Why people underestimate their task completion times," *Journal of Personality and Social Psychology* 67, 366–81.

13. Ferrara, E., and Yang, Z. (2015). "Quantifying the effect of sentiment on information diffusion in social media," *PeerJ Computer Science* 1, 1–15.
14. Rosenbaum, R. S., et al. (2005). "The case of K.C.: Contributions of a memory-impaired person to memory theory," *Neuropsychologia* 43, 989–1021.
15. Klein, S. B., Loftus, J. L., and Kihlstrom, J. F. (2002). "Memory and temporal experience: The effects of episodic memory loss on an amnesic patient's ability to remember the past and imagine the future," *Social Cognition* 20, 353–79; Tulving, E. (2005). "Episodic memory and autonoesis: Uniquely human?" in Terrace, H. S., and Metcalfe, J., eds., *The Missing Link in Cognition* (pp. 4–56). New York: Oxford University Press.

08 适时放弃

1. Wrosch, C., and Heckhausen, J. (1999). "Control processes before and after passing a developmental deadline: Activation and deactivation of intimate relationship goals," *Journal of Personality and Social Psychology* 77, 415–27.
2. Parlaplano, A. (June 2, 2009). "Calling it quits," *The New York Times,* archive.nytimes.com/www.nytimes.com/imagepages/2009/06/02/sports/03marathon.grafic.html.
3. Brandstätter, V., and Schüler, J. (2013). "Action crisis and cost-benefit thinking: A cognitive analysis of a goal-disengagement phase," *Journal of Experimental Social Psychology* 49, 543–53.
4. Wrosch, C., Miller, G. E., Scheier, M. F., and de Pontet, S. B. (2007). "Giving up on unattainable goals: Benefits for health?" *Personality and Social Psychology*

Bulletin 33, 251–65.

5. Camerer, C., Babcock, L., Loewenstein, G., and Thaler, R. (1997). "Labor supply of New York City cabdrivers: One day at a time," *Quarterly Journal of Economics* 407–41.

6. Packer, D. J., Fujita, K., and Chasteen, A. L. (2014). "The motivational dynamics of dissent decisions: A goalconflict approach," *Social Psychological and Personality Science* 5, 27–34.

7. Association of American Medical Colleges (November 9, 2018). "MCAT and GPAs for applicants and matriculants to U.S. medical schools by primary undergraduate major, 2018–2019," www.aamc.org/download/321496/data/factstablea17.pdf.

09 少即是多，着眼未来

1. Dabbish, L. A., Mark, G., and Gonzalez, V. M. (2011). "Why do I keep interrupting myself? Environment, habit and self-interruption," in *Proceedings of the International Conference on Human Factors in Computing Systems, CHI*, 3127–30.

2. Ward, A., and Mann, T. (2000). "Don't mind if I do: Disinhibited eating under cognitive load," *Journal of Personality and Social Psychology* 78, 753–63.

3. Wang, Z., and Tchernev, J. M. (2012). "The 'myth' of media multitasking: Reciprocal dynamics of media multitasking, personal needs, and gratifications," *Journal of Communication* 62, 493–513.

4. De Havia, M. D., Izard, V., Coubart, A., Spelke, E. S., and Streri, A. (2014).

"Representations of space, time and number in neonates," *Proceedings of the National Academy of Sciences* 111, 4809–13.

5. Leroux, G., et al. (2009). "Adult brains don't fully overcome biases that lead to incorrect performance during cognitive development: An fMRI study in young adults completing a Piaget-like task," *Developmental Science* 12, 326–38.

6. Poirel, N., Borst, G., Simon, G., Rossi, S., Cassotti, M., Pineau, A., and Houdé, O. (2012). "Number conservation is related to children's prefrontal inhibitory control: An fMRI study of Piagetian task" *PLOS ONE* 7, 1–7.

7. Meier, S., and Sprenger, C. (2010). "Present-biased preferences and credit card borrowing," *American Economic Journal: Applied Economics* 2, 193–210.

8. Herschfield, H., and Roese, N. (2014). "Dual payoff scenario warnings on credit card statements elicit suboptimal payoff decisions," available at SSRN: papers.ssrn.com/sol3/papers.cfm?abstract_id=2460986.

9. KC, D. S. (2013). "Does multitasking improve performance? Evidence from the emergency department," *Manufacturing and Service Operations Management* 16, 167–327.

10. Naito, E., and Hirose, S. (2014). "Efficient foot motor control by Neymar's brain," *Frontiers in Human Neuroscience* 8, 1–7.

11. BBC Sport (August 29, 2017). "Footballers' wages: How long would it take you to earn a star player's salary?" www.bbc.com/sport/41037621.

12. Jäncke, L., Shah, N. J., and Peters, M. (2000). "Cortical activations in primary and secondary motor areas for complex bimanual movements in professional pianists," *Cognitive Brain Research* 10, 177–83.

13. Bernardi, G., et al. (2013). "How skill expertise shapes the brain functional architecture: An fMRI study of visuo-spatial and motor processing in professional racing-car and naïve drivers," *PLOS ONE* 8, 1–11.
14. Del Percio, C., et al. (2009). "Visuoattentional and sensorimotor alpha rhythms are related to visuomotor performance in athletes," *Human Brain Mapping* 30, 3527–40.
15. Milton, J., Solodkin, A., Hluštik, P., and Small, S. L. (2007). "The mind of expert motor performance is cool and focused," *NeuroImage* 35, 804–13.
16. Petrini, K., et al. (2011). "Action expertise reduces brain activity for audio-visual matching actions: An fMRI study with expert drummers," *NeuroImage* 56, 1480–92.

10　登台亮相

1. Feys, M., and Anseel, F. (2015). "When idols look into the future: Fair treatment modulates the affective forecasting error in talent show candidates," *British Journal of Social Psychology* 54, 19–36.
2. Kopp, L., Atance, C. M., and Pearce, S. (2017). " 'Things aren't so bad!': Preschoolers overpredict the emotional intensity of negative outcomes," *British Journal of Developmental Psychology* 35, 623–27.
3. Balcetis, E., and Dunning, D. (2007). "A mile in moccasins: How situational experience diminishes dispositionism in social inference," *Personality and Social Psychology Bulletin* 34, 102–14.
4. Gilbert, D. (2007). *Stumbling on Happiness.* New York: Vintage Books.